英国军用飞机大全

——从 1914 年到现代战机的发展历史

西风　编著

中国市场出版社

China Market Press

图书在版编目（CIP）数据

英国军用飞机大全 / 西风编著 . –– 北京 : 中国市场出版社 , 2014.7

ISBN 978-7-5092-1254-7

Ⅰ . ①英… Ⅱ . ①西… Ⅲ . ①歼击机 – 介绍 – 英国 Ⅳ . ① E926.31

中国版本图书馆 CIP 数据核字 (2014) 第 099884 号

出版发行	中国市场出版社
社　　址	北京月坛北小街 2 号院 3 号楼　　邮政编码　　100837
电　　话	编 辑 部（010）68034190　　读者服务部（010）68022950
	发 行 部（010）68021338　　68020340　　68053489
	68024335　　68033577　　68033539
	总 编 室（010）68020336
	盗版举报（010）68020336
邮　　箱	1252625925@qq.com
经　　销	新华书店
印　　刷	北京佳明伟业印务有限公司
规　　格	240 毫米 ×225 毫米　　12 开本　　版　　次　　2014 年 7 月第 1 版
印　　张	16　　　　印　　次　　2014 年 7 月第 1 次印刷
字　　数	280 千字　　　　定　　价　　66.00 元

目录
CONTENTS

目录
CONTENTS

阿芙罗公司，"沙克尔顿"空中预警机

第一架波音E-3D AEW.MK 1空中预警机于1991年3月26日驻扎进英国皇家空军沃丁顿（Waddington）基地。隶属第8飞行中队的"沙克尔顿"AEW.MK 2s预警机或许最后该退役了，其上带有使用20世纪40年代技术的陈旧的雷达系统。英国从1971年使用"沙克尔顿"预警机一直维护着有限的空中预警显示系统，这要感谢机组人员高超的技能和独创性。在20世纪80年代中期有意用"猎迷"（Nimrod）预警机进行替换的计划被取消了。

左图：这架AEW.MK 2 WL745飞机初始出现时标有字母"O"，这是它在第204中队作为一架MR.Mk 2服役时使用的一种标识。

下图：当"猎迷"空中早期预警飞机计划被证明不实用时，古老的"沙克尔顿"预警机状况不断恶化。

AEW.MK 2 性能参数

类　　型：空中预警机

动　　力：4台1831千瓦 罗尔斯·罗伊斯格里芬57A V-12活塞式发动机

最大飞行速度：439千米/小时

航　　时：最大15小时

初始爬升率：259米/分钟

航　　程：4908千米

实用升限：7010米

重　　量：空重25855千克；最大起飞重量44452千克

乘　　员：一般有10名乘员，包括4名飞行机组人员和6名任务专家

尺寸大小：翼展 36.580米

　　　　　机长 26.62米

　　　　　机高 5.10米

　　　　　机翼面积 132.00平方米

1

"沙克尔顿"系列飞机

- "兰开斯特"（LANCASTER）飞机：该机发展源于令人失望的双发"曼彻斯特"（Manchester）飞机，后来成为一种经典的轰炸机设计机型。这架飞机是最近一次飞行的倩影，是它作为一种B.I（FE）海事侦察机在海空联合基地（Aeronavale）的服役。

- "林肯"（LINCOLN）飞机：该机原来被叫作"兰开斯特"Mk IV和V，它起源于"兰开斯特"飞机的构型但外形要大一些，并带有功率更强大的发动机，它从1951年开始被"堪培拉"（Canberra）飞机替代。

- "沙克尔顿"MR飞机：这架"沙克尔顿"MR.Mk 3飞机是新近制造的一种典型的"沙克尔顿"飞机。"沙克尔顿"系列中的所有飞机开发都源于"林肯"飞机。MR.Mk 3飞机使用了辅助的"蝰蛇"（Viper）涡轮喷气发动机，使得其过早地到达了它的疲劳寿命。

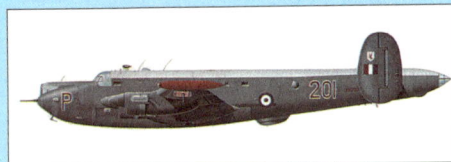

上图：通过最高质量的维护，使得"沙克尔顿"预警机服役了20多年，超出了人们的预期，并使其总保持在最高水平的使用状态。

上图：第8飞行中队把它所有的飞机都以儿童电视剧《魔术旋转木马》（the Magic Roundabout）中的角色来命名。

下图：当AEW.MK 2飞机首次服役时，它们依然保留着海军使用的白色上部机身，不久就全部替换成了灰色，而且第8中队的彩色标识熠熠夺目，并在前机身上涂装了特有的印记。

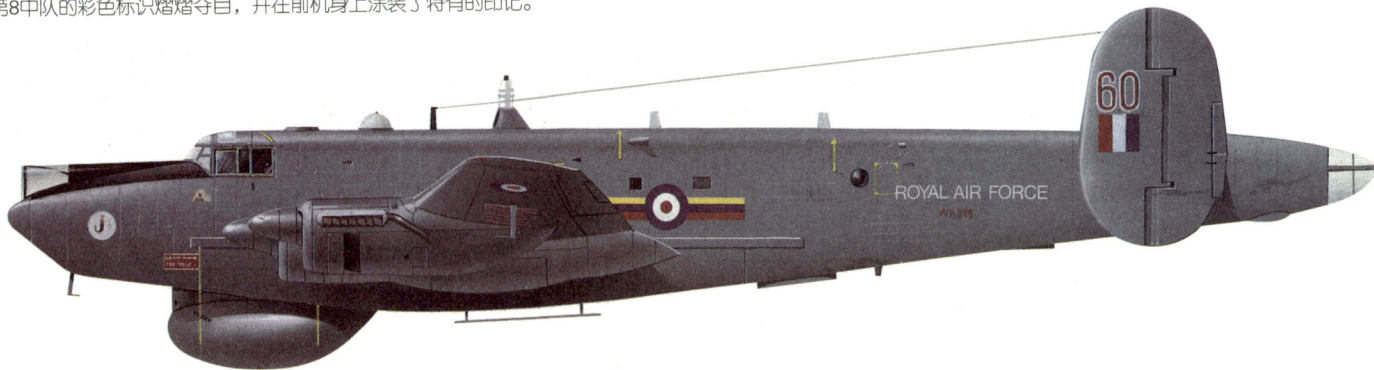

ROYAL AIR FORCE

2

上图：这张图片清楚地表明了"兰开斯特"飞机（Lancaster）与"沙克尔顿"预警机的相似性，然而，后者在外形上要大一些。

上图：这张近似剪影的图片表明了前机身下面突出多余的天线和大型"古比"（guppy）雷达天线罩部分，这与空中预警系统有关。

上图：第一架"沙克尔顿"AEW.MK 2预警机于1971年9月30日首飞，它是基于MR.MK 2改装而来的，因为这时较新的MR.MK 3飞机已达到了它的疲劳寿命。

左图：6个桨叶、对转螺旋桨是"沙克尔顿"预警机突出的特点。

阿芙罗公司，"火神"轰炸机

阿芙罗公司的698型"火神"飞机是世界上第一种三角翼的大型飞机，它开创了气动设计方面的新天地。当"火神"飞机加入到英国轰炸机部队后，标志着其在技术上大大领先于世界。除了它突出的性能外，"火神"飞机也给世界带来了一个新的视景，它是天空中最精美和最讨人喜爱的飞机之一。

尽管原子弹战争远离乐观人们的预期，但是"火神"飞机令人生畏的使命就是作最坏的准备，并且如果受到核攻击的话以图报复性打击。这系列任务首先是携带笨重而可怕的原子弹和氢弹，然后是一种叫"蓝铁"（the Blue Steel）的远程带有核弹头的导弹。

作为一种常规的轰炸机，有5名机组成员的"火神"飞机在1992年马尔维纳斯群岛战争中取得了巨大的成功。在20世纪80年代晚期"火神"飞机退役前，也曾肩负战略雷达侦察任务。

B.Mk2 性能参数

类　型：	5座远程轰炸机
动　力：	4台功率为88.97千牛推力的布里斯托尔（Bristol）罗尔斯·罗伊斯奥林匹斯涡轮喷气发动机
最大飞行速度：	1038千米/小时，对应高度6096米
航　程：	5550千米，对应执行低空任务且满载炸弹
重　量：	最大起飞重量90720千克
武　器：	"蓝色多瑙河"（Blue Danube）氢弹，"蓝铁"（Blue Steel）核巡航导弹或者21454千克常规炸弹
尺寸大小：	翼展 33.83米
	机长 30.50米
	机高 8.29米
	机翼面积 368.30平方米

上图：阿芙罗公司的"火神"飞机于1955年首飞，它充当英国核轰炸和常规轰炸武器的先锋长达25年之久。

左图："火神"飞机独特的三角翼使得如此大型飞行器具有了较大的机动性。

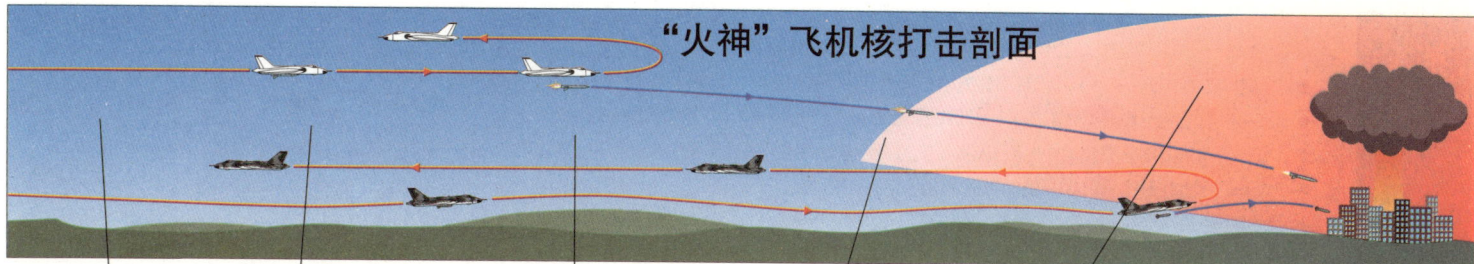

"火神"飞机核打击剖面

高空/低空： "火神"飞机原来在高空进行攻击，但是在20世纪60年代转向了低空。

远程攻击： 超声速"蓝铁"导弹使"火神"飞机在几百千米以外发射攻击，这个距离超过了目标的防御范围。

低空： 当改进的导弹技术威胁到飞机高空攻击时，"火神"飞机在低空的快飞和慢飞状态下依然保持有效的攻击能力。

投弹： "火神"飞机在急剧爬升时可以释放重力炸弹，并且迅速转弯逃离炸弹的冲击波。

目标破坏： "蓝铁"导弹携带有热核弹头，其爆炸时产生100万吨TNT当量的能量。自由落体炸弹通常产生500千吨与2兆吨之间的能量。

上图：苏联防空系统的发展促使"火神"飞机在20世纪60年代的进攻特征转向了低空穿越性能的提高，驾驶大型轰炸机的机组人员需要学会新的驾驶技能。

上图：一架阿芙罗公司的"火神"飞机武器舱门打开，在最后一枚炸弹投完后，飞机以倾斜转弯的方式飞走了。

下图：在马尔维纳斯群岛战争期间，空中加油探头能够使"火神"飞机长途飞行轰炸6500千米远的目标。

5

◆ 早期的"火神"飞机被涂装成令人惊叹的纯白色以示核爆时的"闪光"。

◆ 4个奥林匹斯（Olympus）发动机产生的动力相当于18个铁路机车的动力。

◆ "火神"飞机的驾驶员有弹射座椅，但是在紧急情况下其他3名机组成员得从舱口跳伞逃生。

◆ "火神"飞机的驾驶员座位距地面5米高，在地面转向时需用潜望镜驾驶飞机。

◆ "火神"飞机在高空格斗中，其机动性或许会超过F—15飞机。

◆ "火神"飞机飞经12650千米的距离去轰炸马尔维纳斯，这在当时历史上是一次最长直线距离的战斗使命。

上图：尽管"火神"飞机设计的宗旨是高空核打击，但是它也有能力进行常规轰炸，其227千克重的炸弹舱最大装载量超过了9吨。

上图：军械师在位于阿森松岛（Ascension Island）的英国基地把454千克的炸弹装进"黑羚羊"（Black Buck）伍尔坎飞机的腹内弹舱。

上图："蓝铁"（the Blue Steel）核导弹的出现意味着"火神"飞机可以攻击高达350千米远的关键战略目标。

阿姆斯特朗·威特沃斯公司，"金丝雀"战斗机

第一次世界大战结束后，战斗机发展缓慢几近停止。1919年年初，阿姆斯特朗西德利公司生产的"金丝雀"战斗机首次试飞，5年后英国空军全面替换了索普维斯"斯奈普"（Snipes）飞机。尽管初期发展较为缓慢，但"金丝雀"飞机凭借其优秀的作战性能于20世纪20年代末成为英国空军标准战斗机，共在英国空军11个中队服役。

"金丝雀"最初的动力装置为"蜻蜓"（Dragonfly）发动机。两架用于民航的"金丝雀"中，一架在1923年举办的飞行大赛中以240千米/小时的平均速度摘得桂冠。在最初的原型机基础上机身骨架与机翼翼梁改为钢制，动力装置改用阿姆斯特朗西德利"美洲虎"（Jaguar）星形发动机，生产型飞机即为"金丝雀"III。1924年5月"金丝雀"III开始在两个飞行中队服役。1925年10月"金丝雀"IIIA首飞之前，12架"金丝雀"62 Mk III均为两座战斗教练机。

由于采用了大功率"美洲虎"发动机作为动力装置，"金丝雀"IIIA的海平面飞行速率可达235千米/小时，大于前几种机型，实用升限也更高。"金丝雀"IIIA的机身也做了小幅改动，机身机头内安装了两挺机枪。除在英国皇家空军服役至1932年外，"金丝雀"亦成为加拿大皇家空军的标准型战斗机。部分在加拿大服役的"金丝雀"Mk IIA一直"工作"至1939年。该机型总产量为382架，包括1925年瑞典空军订购的一架装有滑橇式起落架的"金丝雀"。

"金丝雀" IIA 性能参数

机　　型：金属结构双翼战斗机
动力装置：336千瓦阿姆斯特朗–西德利"美洲虎" IVS 14缸星形发动机一台
最大速度：251千米/小时
航　　程：450千米
实用升限：8260米
爬升率：爬升至3048米需6分35秒
重　　量：空重935千克，载重1366千克
武器装备：7.7毫米口径机枪2挺，挂载4枚9千克炸弹
外形尺寸：翼展10.11米
　　　　　机长7.72米
　　　　　机高 3.10米
　　　　　机翼面积27.22平方米

左图：加拿大订购了12架"金丝雀"，包括图中的"金丝雀"IIIA，该战斗机参加了1931年举行的横穿加拿大的航空演习（Trans-Canada Air Pageant）。

阿姆斯特朗·威特沃斯家族

■ F.K.8：第一次世界大战最后两年间生产了大量F.K.8侦察机，该侦察机备受好评。

■ F.K.10：1917年四翼飞机F.K.10首飞，测试结果并不理想，最终生产数量极少。

■ APE：外形不甚美观的APE机尾安装角度可调节，是英国皇家航空研究院的试验机。

■ 椋鸟（STARLING）："金丝雀"系列取得成功后，阿姆斯特朗意图在此基础上研制一款昼夜两用轰炸机，即"椋鸟"，但最终因种种原因并未投产。

上图：1919年，当时名为西德利S.R.2的"金丝雀"原型机首次试飞，其动力装置为全英公司（A.B.C.）的"蜻蜓"发动机。1921年，正式更名为"金丝雀"，动力装置改用"美洲虎"星形发动机。

上图：罗马尼亚政府原订购了图中的"金丝雀"V，但由于一场意外伤亡事故取消了订单。

右图：尽管最初的"金丝雀"机型均采用了木质与织物构造，但生产型的"金丝雀"机型是为英国皇家空军首次大批量生产的全金属结构飞机。

上图：1931年，142架"金丝雀"IIIA显出不足，英国皇家空军意欲寻找替代品。此时，阿姆斯特朗惠氏公司提交了"金丝雀"IIIB设计，其速度更快，爬升率更高。然而测试显示其操纵性不佳，航程较短，最终落选。

上图：英国皇家空军共拥有40余架"金丝雀"IIIDC两座教练机。1932年该型号教练机全面退役。

上图：第二架"金丝雀"II，即G-EBHY出口至瑞典，并加装了滑橇。

上图：最著名的"金丝雀"战队为英国空军43空中战队，在亨顿举行的英国空军展中表演精彩，征服了观众。

阿姆斯特朗·威特沃斯公司，"阿尔伯马尔"运输机

"阿尔伯马尔"由布里斯托尔公司设计。由于担心德国对英国飞机制造业进行毁灭性的打击，加上轻合金的短缺，在制造"阿尔伯马尔"飞机时特意使用钢材和木材制造飞机部件。

因为在"阿尔伯马尔"飞机研制的那几年期间，军用飞机尤其是轰炸机设计发展非常快，当"阿尔伯马尔"生产出来时已经过时了，于是，有人发现它用作英国特种部队的运输和滑翔机拖曳机更好。1943年盟军攻入西西里，"阿尔伯马尔"飞机被用来向战场拖曳载满士兵的滑翔机。

1944年6月"霸王行动"中，四个中队的"阿尔伯马尔"飞机拖曳着"霍莎"式滑翔机，在第一时间将盟军空降部队运至了法国。在同一年的晚些时候，在进攻位于荷兰阿纳姆的莱茵河大桥行动中，有两个中队的该型飞机担负了滑翔机拖曳任务。

在制造了1060架订单中的602架之后，"阿尔伯马尔"飞机于1944年12月停产。苏联是除英国外唯一使用该飞机的国家。

ST.Mk V型 性能参数

类　　型：特种部队运输机

发 动 机：2台1186千瓦的布里斯托尔·海克力斯 XI式星形活塞发动机

最大航速：在3200米高度时为426千米/小时

航　　程：2092千米

实用升限：5486米

重　　量：空机重6800千克；最大起飞重量 16556千克

武　　器：4挺安装在波尔敦·保罗炮塔内的7.7毫米机枪，或2挺位于机腹部的7.7毫米机枪

外形尺寸：翼展　23.47米

机长　18.26米

机高　4.75米

机翼面积　74.65平方米

左图：尽管合金短缺情况没有出现，但"阿尔伯马尔"飞机的生产很快就证明了轻型飞机也能很有用。

上图："阿尔伯马尔"飞机很容易拆解并由18.3米长的"玛莉皇后"公路拖车运送。

英国皇家空军的特种部队运输机和拖曳机

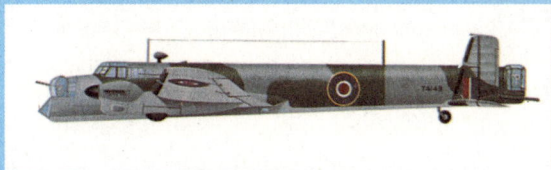

■ 阿姆斯特朗·威特沃斯"惠特利"：作为轰炸机设计，1940年开始作为伞兵部队的教练机使用，1941年参加作战行动，向马耳他空投了部队。

■ 道格拉斯"达科他"：C-47"达科他"是整个第二次世界大战中盟军的标准运输机，该机也担负了"霍莎"式滑翔机的拖曳任务，1944年的D日登陆期间，英国皇家空军和美国陆军航空队大量使用了该型飞机。

■ 肖特"斯特林"：这是英国皇家空军的第一种四引擎轰炸机，到1944年D日，也被用作运输和滑翔机拖曳，一直持续到1945年3月。

上图：A.W.Hawkesley有限公司共制造了602架"阿尔伯马尔"飞机，1944年12月停产。

上图：最后制造的Mk I型飞机成为ST.Mk I飞机的原型机。主要的改造包括移除后方机身上的油箱和炸弹释放装置以获得内部空间，以及减少武器装备。

上图：试飞员约翰·格里尔逊认为"阿尔伯马尔"飞机是均衡型的飞机："……没有优点也没有缺点。"首批制造的32架飞机本来用作侦察轰炸机，其机组成员由两名飞行员组成，其中一名是驾驶员，另一名是无线电报务员兼领航员。然而，"阿尔伯马尔"飞机却从未作为侦察轰炸机使用过。

11

上图:1942年,"阿尔伯马尔"飞机首次配属英国皇家空军第295飞行中队。随后在1943年,又先后配属第296、第297飞行中队服役。

上图:布里斯托尔公司设计了一种轰炸机——"阿尔伯马尔"飞机,还被英国特种部队用作运输机和滑翔机拖曳机。

上图:这架飞机属于Spec.B.18/39中队。

上图:英国皇家空军第297中队是将"阿尔伯马尔"飞机作为滑翔机拖曳机使用的两支部队之一。

阿姆斯特朗·威特沃斯公司，"惠特利"轰炸机

"惠特利"轰炸机与维克斯"威灵顿"轰炸机、汉德利-佩济"汉普敦"轰炸机一起，是第二次世界大战开始时英国皇家空军的三种主要轰炸机。"惠特利"是三种机型中最老的一种，也是向纳粹德国和意大利投弹的第一种英国飞机。它还是第一种为了猎杀潜艇而装备雷达的飞机。此外，它还担负了其他几种任务，包括作为特种作战中的伞降飞机。

"惠特利"飞机1934年开始设计，1936年3月首飞。最初使用阿姆斯特朗·西德利"虎"式星形发动机，共生产了160架Mk I、II和III型飞机；后来型号的飞机采用"默林"直进式发动机，从而提高了84千米/小时的航速。

Mk IV型飞机仅制造了40架，而Mk V型飞机制造了将近1500架，从1939年至1943年始终处于生产之中。Mk IV型飞机引入了一个装有四挺机枪的强大尾部炮塔，而Mk V型飞机则具有一个加长的机身，以便扩大尾部机枪手的射击视野。Mk V型飞机在战争初期转至空军海防总队服役，用以执行海上巡逻任务。

Mk V型 性能参数

类　　型：轰炸机、侦察与反潜飞机
发 动 机：2台895千瓦的劳斯莱斯"默林"V型直进式活塞发动机
最大航速：在5395米高度时为367千米/小时
航　　程：2540千米
初始爬升率：244米/分钟
武　　器：5挺7.7毫米机枪；多达3168千克的载弹量（通常为14枚227千克重的炸弹）
重　　量：空机重8759千克；最大起飞重量15164千克
外形尺寸：翼展　25.60米
　　　　　机长　22.10米
　　　　　机高　4.57米
　　　　　机翼面积　105.63平方米

上图：安装有远程搜寻雷达的"惠特利"飞机于1942年加入了空军海防总队。1941年11月3日，第502飞行中队的一架Mk VII型飞机击沉了德军第U-206号潜艇。

上图：很多对于"惠特利"飞机的批评都集中在其驾驶员座舱的布局上，这种布局使得许多控制装置难以操纵。

上图：Mk VII型的速度比轰炸机版的速度稍微要慢一些，这是由于其重量较大且ASV Mk II雷达天线产生拖曳力的原因。

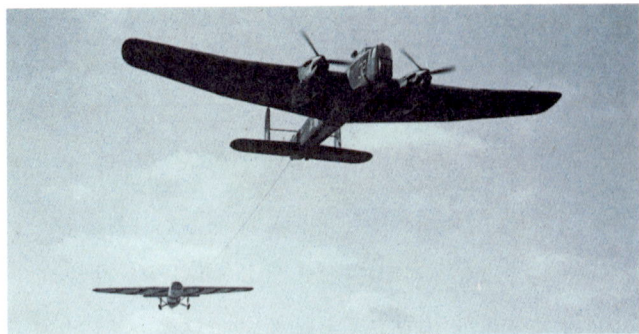

上图："惠特利"Mk V型飞机曾被用来作为拖曳滑翔机的飞行员训练用机。有三个飞行中队执行过拖曳机作战任务。

上图：第一架原型机采用的是直的机翼，而第二架原型机和所有生产型飞机都在其外部机翼嵌板上具有少量的反角。

下图：更换"默林"发动机后的"惠特利"机舱加热器的效能下降。在执行远程高空夜间任务时，这是很大的问题。

爱维罗航空公司，"安森"教练机

为了满足英国皇家空军海防总队陆基侦察飞机的需要，爱维罗公司把原652型6座客机改进成为"安森"飞机。"安森"飞机于1935年3月首飞，1936年服役，当时它是英国速度最快的双引擎飞机，并且是第一种具有可收放后三点式起落架的单翼飞机。改为军用后，"安森"飞机装备了一挺前射机枪和一挺位于机背炮塔内的机枪，且增加了一个携带2枚45千克和8枚9千克炸弹的炸弹舱。

从1941年开始，空海援救中大量地使用了"安森"飞机。"安森"飞机还被作为一种教练机使用，1940年，加拿大也引进了"安森"用作教练机。

"安森"飞机至少为20个国家的空军服务，许多架在战后又被转为民用运输机。其总产量超过11000架，其中大约有3000架是在加拿大制造的，采用了"赖特"、"雅各布斯"或"普惠"发动机。"安森"飞机的生产一直持续到1952年，在英国皇家空军一直服役到1968年。

Mk I型 性能参数

类　　型：高级教练机
发 动 机：2台261千瓦的阿姆斯特朗－西德利"猎豹"IX型7缸冷星形发动机
最大航速：在2130米高度时为303千米/小时
爬 升 率：海平面上229米/分钟
航　　程：1270千米
实用升限：5790米
重　　量：空机重2438千克；最大起飞重量3629千克
武　　器：2挺7.7毫米机枪，163千克炸弹
外形尺寸：翼展　　17.22米
　　　　　机长　　12.88米
　　　　　机高　　3.99米
　　　　　机翼面积　43.00平方米

上图：战后生产的"安森"Mk 20型飞机成为教练机，罗得西亚和英国皇家空军是其客户。

左图：由于"安森"飞机的需求量较大，在联邦航空有限公司的监督下在加拿大建立了许可生产厂家。美军陆军航空队购买的50架飞机定为AT-20型。这种AT-20与英国产的Mk I型飞机的区别在于前者使用的是"雅各布斯"L-6BM型发动机和加拿大产设备。

15

第二次世界大战中的英国皇家空军教练机

■空军的"牛津"：作为在英国皇家空军中服役的第一种先进的双引擎单翼教练机，"安森"用于机组人员所有方面的训练。

■德·哈维兰"虎蛾"：该机是第二次世界大战期间数量最多且最有名的英国初级教练机，在1939年装备了44个飞行训练学校。

■迈尔斯"教师"：也被称为"马吉"，是英国皇家空军使用的第一种单翼教练机。该机在初级训练中使用，是一种全特技飞行的飞机。

■迈尔斯"大师"：1938年，该机获得了当时数量最大的一份教练机生产合同。该机用以进行高级训练，其最高速度为364千米/小时。

上图：对英吉利海峡、北海和西方航道进行海上侦察任务的"安森"Mk I型飞机。

上图：到1943年，"安森"飞机的主要任务就是用于训练。那些有前途的空军枪炮手们被夜以继日地传授使用"波尔敦·保罗"炮塔的射击技能。

右图："安森"飞机最初是作为一种下单翼客机设计而成，具有翼布覆盖的焊接式钢管机身和木制的机翼。

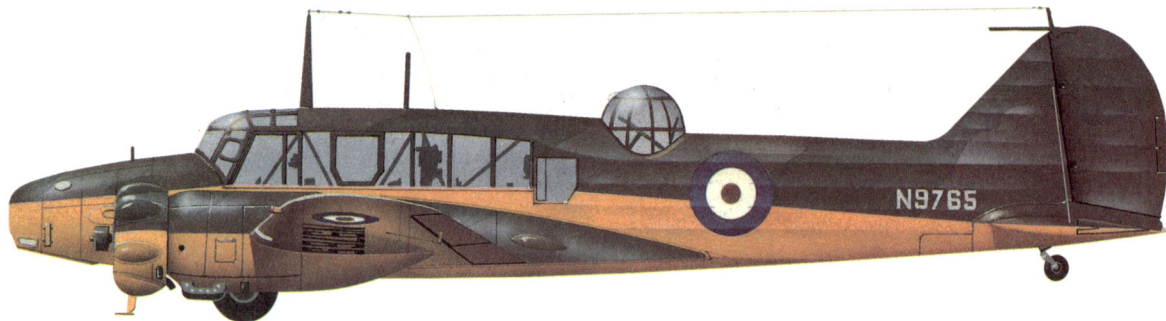

16

◆ 爱维罗公司为帝国航空公司研制的652型六座客机，于1935年1月7日首飞。"安森"以此为基础发展而成。

◆ "安森"飞机击败了竞争对手DH.89M"快捷"飞机赢得了英国空军的订单。

◆ 1939年9月5日，"安森"飞机首次参与作战，并对一艘德国潜艇进行了攻击。

◆ 在敦刻尔克撤退期间，第500飞机中队的一架"安森"飞机击落了三架对其攻击的Bf-109战斗机中的两架。

◆ "安森"飞机在服役32年之后于1968年退役，它是英国皇家空军中服役时间最长的一种机型。

◆ "安森"飞机的生产总量为11020架，其中包括许可生产部分。

上图：第321飞行中队是由荷兰机组人员驾驶的两支英国皇家空军飞行中队之一，该中队在德国入侵期间得以从荷兰逃脱到英国。图中的这架飞机在其稳定翼上印有一枚荷兰勋章。

上图：投弹瞄准手的俯卧位置在"安森"Mk I型飞机的最前端，该位置的底板上装有一个滑动板，用于"温佩斯"MK VIIB轰炸瞄准器的操作。

上图：英国皇家海军于1944年接收了安装有雷达扫描器的"安森"飞机，以用于训练观察员使用雷达。

右图：除了英国皇家空军外，"安森"Mk I型飞机还出口到澳大利亚、爱沙尼亚、爱尔兰和希腊。

爱维罗航空公司，"兰开斯特"轰炸机

爱维罗公司的"兰开斯特"四发动机重型轰炸机是第二次世界大战中英国最大的轰炸机，它的载弹量比欧洲战场上的任何其他轰炸机的载弹量都大，因而成为英国皇家空军夜间攻击德国的中坚力量。从1942年首次执行布雷任务到1945年的最后轰炸行动，"兰开斯特"成为一种令人敬畏的作战飞机。有一架"兰开斯特"执行了140次作战任务，最后竟然幸存了下来。

战后，"兰开斯特"飞机服役情况始终良好，有时还承担民用任务。加拿大是该机的最后军事用户。时至今日，在纪念不列颠战役的飞行庆典中，英国皇家空军仍然保留有一架"兰开斯特"轰炸机，与"喷火"式和"飓风"式飞机一起进行飞行表演。

上图："兰开斯特"轰炸机拥有英国皇家空军理想中轰炸机的所有特性：良好的升限和航程、巨大的载弹能力、坚固而可靠的结构、强有力的防御。

B.Mk型 性能参数

类　　型：	7座重型轰炸机
发动机：	4台1223千瓦的"默林"24型反相直列式活塞发动机
最大航速：	在3500米高度时为462千米/小时
航　　程：	携带6350千克载弹量时为2700千米
实用升限：	7467米
重　　量：	空机重16783千克；满载为30845千克
武　　器：	早期生产型为9挺7.7毫米勃朗宁机枪，外加6350千克炸弹
外形尺寸：	翼展　31.09米
	机长　21.18米
	机高　6.25米
	机翼面积　120.49平方米

上图：为了使其轰炸机飞行员能够进行自我防卫，英国皇家空军在"兰开斯特"安装了快速电动炮塔，使得除机腹处的一个盲点外，可以对任何其他角度的敌机开火，因而对于一架战斗机而言这并不是一架容易对付的飞机。

上图：在电子战中"兰开斯特"飞机投下金属条，即人们所熟知的"金属箔片"用以干扰德国的雷达。

上图："兰开斯特"轰炸机的机组人员都喜爱他们的飞机，认为该机远胜于以前的"哈里法克斯"和"斯特林"轰炸机。总共有59个英国皇家空军中队的"兰开斯特"轰炸机累计执行156000架次任务。

下图："兰开斯特"轰炸机成功的关键在于其大容量的炸弹舱，该炸弹舱能够容纳7吨炸弹，且在改造后能够在机身下方半埋入式地悬挂巨大的10吨重的"大满贯"炸弹。

爱维罗航空公司，"曼彻斯特"轰炸机

第一架"曼彻斯特"原型机于1939年7月首飞，1940年进行了第二次飞行。皇家空军先是订购了200架，然后又订购了400架。在飞行试验之后，翼展被增加了3米，还在两个侧尾翼之间增加了一个中央稳定翼（后来在Mk IA型上又被取消了）。第一个"曼彻斯特"飞行中队，即第207中队组建于1940年11月，并于1941年2月执行了首次任务。有9个轰炸机中队接收了"曼彻斯特"飞机，其中有一个中队隶属于空军海防总队。"曼彻斯特"轰炸机受到"秃鹰"发动机的各种故障的困扰，

导致其短命。轰炸机司令部最后一次使用该机进行作战，是在1942年6月25—26日对德国不来梅的轰炸中。"曼彻斯特"轰炸机仅生产了202架，其中大约有40%损失在作战中，有25%损失在意外事故中。

但是，如果不是因为"曼彻斯特"轰炸机的短命，爱维罗公司就不会制造出"兰开斯特"这一战争中最好的夜间轰炸机了。同时，在考虑其未来的轰炸机的式样上，"兰开斯特"轰炸机也为轰炸机司令部提供了思路。

Mk I型 性能参数

类　　型：双引擎中型轰炸机
发 动 机：2台1312千瓦的劳斯莱斯"秃鹰"24缸发动机
最大航速：5180米高度时为426千米/小时
作战半径：携带3674千克载弹量时为2623千米
实用升限：5850米
重　　量：空机重13350千克；满载为25401千克
武　　器：前端炮塔和机身后上部炮塔各有2挺7.7毫米机枪，尾部炮塔内有4挺7.7毫米机枪；4695千克炸弹或燃烧弹
外形尺寸：翼展　　27.46米
　　　　　机长　　21.13米
　　　　　机高　　5.94米
　　　　　机翼面积　105.63平方米

上图：在1941年2月25日对法国布雷斯特港的袭击中，第207中队首次使用"曼彻斯特"轰炸机，当时该中队对这次行动并没多大把握。

上图：首架"曼彻斯特"轰炸机于1940年12月制造完成。然而不幸的是，在几天以后的一次敌军空袭中，这架飞机与其他数架飞机一起被摧毁了。

1939年时的英国皇家空军轰炸机

■ "汉普登" Mk I：这是战争开始时英国皇家空军的唯一一种中型轰炸机。由于防御武器较差，被迫在空军海防总队的中队中执行二线任务。

■ "哈罗" Mk II：该机是进入英国皇家空军服役的第一种单翼轰炸机，它是在第二次世界大战之前引入的，很快就被"威灵顿"轰炸机取代了。

■ "威灵顿" Mk IC：这是皇家空军第一次轰炸德国飞机中的一种，在第二次世界大战初期的空袭中，它是轰炸机司令部的"战马"。

上图：在采用了4台可靠而强大的"默林"发动机之后，"曼彻斯特"的大多数灾难性的问题都得以改进。"兰开斯特"立即取代了其先驱"曼彻斯特"轰炸机而进入皇家空军各个中队服役。

上图："曼彻斯特"轰炸机翼展较小，以便适合战前修建的飞机库宽度。

下图：所有参加作战的"曼彻斯特"轰炸机都在机身下方涂以标准的暗黑色（以减少被敌军探照灯发现的可能），并在机身上方涂以伪装色，这样从敌机上方观察时便能与地形混合起到伪装作用。

◆ 第50飞行中队的英国皇家空军中尉L.T.马斯特，在驾驶"曼彻斯特"轰炸机时获得了一枚维多利亚十字勋章。

◆ "曼彻斯特"轰炸机参加了战争史上首次对德国科隆进行的"千机大轰炸"行动。

◆ 首架"兰开斯特"轰炸机实际上是一架装有4台"默林"发动机的"曼彻斯特"Ⅲ型飞机。

◆ 首批制造的13架"曼彻斯特"轰炸机，在德国对大都会-维克斯工厂实施的一次袭击中被击落。

◆ "曼彻斯特"轰炸机能够投放1825吨的炸弹和燃烧弹。

◆ "曼彻斯特"轰炸机内部的公司名称是Avro 609。

上图：这是第207飞行中队的一架"曼彻斯特"Mk IA型轰炸机，该中队驻扎在英国皇家空军沃丁顿山基地。

上图："曼彻斯特"轰炸机最大的优点，就是防御武器完全的覆盖度，它在尾部、前端和背部都装有炮塔。

上图：这架"曼彻斯特"轰炸机是带有一个中央尾翼的Mk I型飞机。该中央尾翼后来被除去了，并将翼展增加了3米，从而与"兰开斯特"的翼展一样大。

左图：这架Mk IA型"曼彻斯特"正在等待夜晚激战的来临。一架韦斯特兰"来山得"陆军协同作战飞机停放在其后方。

博尔顿－保罗公司，"塞德斯特兰德"／"欧弗斯特兰德"轰炸机

为弥补费尔雷"狐狸"（Fairey Fox）轰炸机的不足，英国皇家空军首次起用中型战斗机，即"塞德斯特兰德"。1926年，"塞德斯特兰德"首飞，并于1928–1936年间在英国皇家空军第101飞行中队服役。"欧弗斯特兰德"是在"塞德斯特兰德"基础上研制的双翼战斗机，并于1937年完全替代"塞德斯特兰德"。"欧弗斯特兰德"是英国皇家空军第一种采用动力驱动炮塔的轰炸机。这两种机型的名称均源自博尔顿–保罗公司位于诺里奇市的工厂附近的两个村庄名。与之前的两架原型机相同，"赛德斯特兰德"Mk II亦采用布里斯托尔317千瓦"木星"VI（Jupiter VI）发动机作为动力装置，该型轰炸机共生产18架。之后推出的"赛德斯特兰德"Mk III则在此基础上另增加一台"木星"VIIF齿轮传动发动机。尽管在机身仅有一名机炮手，但其机身、侧机腹处均有机枪支架装置，机组人员将根据实战中飞机在攻击队形中所处位置决定机枪固定位置。

设计者将一架"赛德斯特兰德"Mk III的发动机改为布里斯托尔"飞马"（Bristol Pegasus）IM3发动机，原欲将之作为"赛德斯特兰德"Mk IV，但最终发展成为"欧弗斯特兰德"原型机。除机身加固、可挂载炸弹量增多、驾驶舱改为封闭式外，"欧弗斯特兰德"的最大改进为机头处加设了一个炮塔。

炮塔采用风动马达驱动，炮手在液压油缸辅助下升降机枪。机翼或机身下可挂载两枚227千克的炸弹，两枚113千克的炸弹。

1936年起，共有24架"欧弗斯特兰德"取代"塞德斯特兰德"在第101飞行中队服役。随后，被编入第144中队，但服役期极为短暂。1948年，最终为"布伦海姆"（Blenheim）所替代。由于英军计划采用可伸缩起落架，"斯特兰德"系列由此退出历史舞台。

"塞德斯特兰德" Mk III 性能参数

机　　型：中型昼间轰炸机
动力装置：343千瓦布里斯托尔"木星"VIIIF 9缸气冷星形发动机2台
最大速度：3050米高空225千米/小时
爬　升　率：爬升至4572米高空需19分钟
航　　程：805千米
实用升限：7300米
重　　量：空重2726千克；起飞重量4627千克
武器装备：7.7毫米口径刘易斯机枪3挺，载弹量476千克炸弹
外形尺寸：翼展 21.92米
　　　　　机长 14.02米
　　　　　机高 4.52米
　　　　　机翼面积 91平方米

上图：两种机型均采用全金属结构、织物蒙皮。尽管代表着英国双翼轰炸机的顶尖水平，但二者的服役生涯注定短暂。

下图：图中为第 5 架"塞德斯特兰德" Mk II 成型机，编号 J9181，于 1928 年起在英国皇家空军服役。

上图：在轰炸与射击演习中，第 101 飞行中队驾驶"塞德斯特兰德"打破了英国皇家空军所有的精度纪录。但其载弹量不得大于 476 千克。

上图：1937 年从一线轰炸机位置上退下后，"欧弗斯特兰德"开始担任射击训练任务，并一直作为教练机服役至 1941 年。

左图：20 世纪 30 年代，英国皇家空军轰炸机中队所属飞机机身通常绘有隶属中队的编号。飞行员固定座驾则在机头处绘有个人代码，如本机机头绘有"W"字样。

上图："塞德斯特兰德"的发动机最初预想为纳皮尔"狮式"（Napier Lion）直列发动机，但最终Mk I 采用"木星"VI 发动机。

上图："塞德斯特兰德"的机组人员完全暴露于外界环境中，"欧弗斯特兰德"则在保护机组人员安全方面做出了诸多改进，包括封闭式驾驶舱，机头处全封闭玻璃动力驱动炮塔，机身上部机枪固定处亦有防护装置。

左图：装备"塞德斯特兰德" Mk III 与"欧弗斯特兰德"最多的中队为第 101 飞行中队。该中队在英国皇家空军三个不同的基地飞过这两个型号的飞机。

右图：在演习中"塞德斯特兰德"表现出色，与配置单个发动机的轰炸机一样迅速敏捷。

布莱克本公司，"掠夺者"攻击机

作为经典的航空器之一，布莱克本公司的"掠夺者"飞机是飞行员喜欢飞行的一种军用机，并受到其对手的高度尊重。在其全盛期，它是世界上最高级的低空、高速攻击机，即使在它生涯的末期，它依然是功能强大的飞行器，能够携带几乎任何战术炸弹、火箭或现代空战使用的导弹。

在20世纪50年代晚期，防空中配置了地对空导弹后，"掠夺者"飞机为英国和南非生产制造了7种型号。"掠夺者"飞机的设计是主要用于从皇家海军的航母上起飞，但是其飞行生涯的大部分都是从陆上起飞的。

"掠夺者"飞机是在非常秘密的状态下进行研制的，它是一种功能强大的飞行器，具有极好的低空飞行性能。尽管设计的思想是对海攻击，但是其稳固的机体结构对于大过载飞行是很理想的，这种情况是其在执行基本的低空攻击任务时，需要跟随自然地形起伏的特点快速地俯仰穿越所需要的。

尽管"掠夺者"飞机的过去已成历史，但是在"沙漠风暴"行动中撰写了它故事的最后篇章，此时矫健的老式轰炸机成功地被用来为激光制导机为从皇家空军的"狂风"战斗机发射的"武器"指示打击目标。

S.Mk 2 性能参数

类　　型：	具有2名机组人员的舰载低空攻击机
动　　力：	2台49.38千牛推力罗尔斯·罗伊斯RB.168-1A斯贝Mk 101涡轮风扇发动机
最大飞行速度：	1038千米/小时，对应高度50米
作战半径：	1750千米（高-低-高）
实用升限：	13000米
重　　量：	空重13600千克；载重时为28123千克
武　　器：	7250千克炸弹、火箭、反舰或空对地导弹
尺寸大小	翼展　13.41米
	机长　19.33米
	机高　4.95米
	机翼面积　47.82平方米

下图：南非是"掠夺者"飞机唯一的出口成功用户。这些飞机用于远程攻击行动，常常飞行在树梢的高度。它们也携带南非的秘密核弹，许多专家估计有5枚。

左图：一架英国皇家空军的"掠夺者"飞机，机翼上装备有炸弹发射练习架，正在向轰炸区域飞去。在训练有素的飞行员操纵下，"掠夺者"飞机是一架非常准确的对地攻击机。

反舰"投弹"攻击

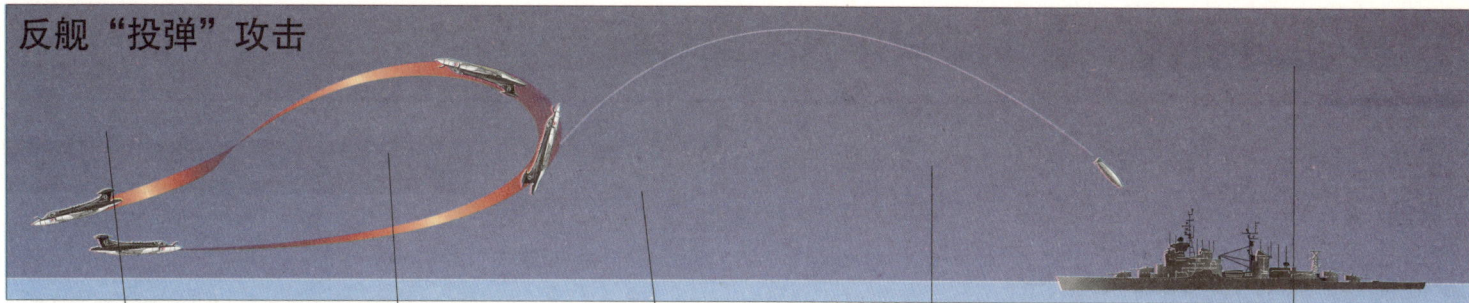

"掠夺者"飞机在低空以最大飞行速度飞行,目的是在敌人雷达覆盖范围以下飞行尽可能长的距离。

在距目标约5千米时,"掠夺者"飞机突然拉起,在爬升时投放它的武器。

飞机拉起到最高点时,飞行员全力俯冲逃离,使暴露在雷达作用下达到最低程度。

炸弹以弧线形飞向目标。它的高速"投射-轰炸"剖面中自由落体的运动范围达4千米多。当使用核武器时它的准确性是足够的,对于常规炸弹需要激光制导以确保命中打击。

皇家海军战术要求数架"掠夺者"飞机同时攻击,使得敌方的空中防御不可能对付来自不同方向的弹雨。

厚厚的机翼使气流在低空平滑地流过,并且非常适合携带像马特尔(Martel)导弹那样的重型外挂物。

罗尔斯·罗伊斯斯贝(Spey)涡轮风扇发动机替换了第一架"掠夺者"飞机上使用的"小吉伦"发动机。三角形小型发动机可靠性差,在经济上也逊于斯贝发动机。

上图:早期的"掠夺者"飞机由性能不可靠的"小吉伦"发动机驱动。如果飞行员需要再次施加动力进行复飞的话,这会使得飞机在航母着陆的最后瞬时有些危险。

下图:通过空中加油,"掠夺者"飞机的航程范围甚至可以进一步扩大。

布里斯托尔公司，"斗牛犬"战斗机

20世纪20—30年代，英国出于对双翼战斗机的依赖，其战斗机创新落后于其他国家。尽管在此期间英国并无杰出的单翼战斗机问世，但不乏卓越的双翼战斗机，其中便包括布里斯托尔"斗牛犬"战斗机。该战斗机出口到多个国家，参与了1936—1939年的西班牙内战与1939—1940年的冬季战争，少数幸存下来的"斗牛犬"飞机甚至参加了第二次世界大战。

1929年，拉脱维亚收到了订购的5架"斗牛犬"Mk II，随后瑞典、丹麦、芬兰也分别于1930年、1931年、1933年向英国订购"斗牛犬"飞机。出口芬兰的"斗牛犬"为该型号战斗机的最后一批产品，均为Mk IVA标配，发动机采用了水星VIS.2发动机。

1936年，拉脱维亚的"斗牛犬"飞机加入西班牙内战，支援巴斯克党派（Basque cause）。1939年，芬兰与俄罗斯爆发冬季战争。此时，芬兰拥有的17架"斗牛犬"Mk IVA中的多数仍在芬兰空军第26飞行中队服役。此次战争期间，芬兰驾驶"斗牛犬"至少赢得五场空战。1940年，芬兰"斗牛犬"被格罗斯特"角斗士"全面取代。第二次世界大战结束后，幸存的芬兰"斗牛犬"仅为1架。瑞典先后共向芬兰提供了3架"斗牛犬"Mk IIA，其中1架与另外几架Mk IVA共同作为教练机服役至1940年。

丹麦曾申请"斗牛犬"的生产许可证，但遭到拒绝。丹麦陆军航空队共有4架"斗牛犬"105D，1940年4月纳粹德国入侵丹麦时，其中3架为战斗机教练机。

"斗牛犬"Mk IIA 性能参数

机　　型：单座双翼战斗机

动力装置：328千瓦布里斯托尔"木星"VIIF气冷星形发动机一台

最大速度：3050米高空286千米/小时

爬　升　率：爬升至6095米高空需14分30秒

航　　程：499千米

重　　量：空重1008千克；最大起飞重量1660千克

武器装备：维克斯7.7毫米同步固定前射机枪2挺，载弹量9千克的炸弹4枚

外形尺寸：翼展　10.34米

　　　　　机长　7.67米

　　　　　机高　3米

　　　　　机翼面积　28.47平方米

上图：所有经由布里斯托尔制造直接送往芬兰的"斗牛犬"均为 Mk IVA。图中为世界上现存的唯一一架"斗牛犬"飞机。

上图：服役于芬兰空军的"斗牛犬"参与战争次数最多，服役时间甚至超过英国皇家空军编制下的"斗牛犬"飞机。隶属英国皇家空军的"斗牛犬"飞机于1939年退役。

芬兰战争中的战斗机

■福克 D.XXI：福克 D.XXI 装配了两个飞行中队，是冬季战争中芬兰空军的中坚力量。

■格罗斯特"角斗士"：芬兰空军装备的许多战斗机均为过时的双翼战斗机，包括格罗斯特"角斗士"。

上图：1935年1月，芬兰收到订购的"斗牛犬"Mk IVA战斗机。这是布里斯托尔公司菲尔顿（Filton）工厂制造的最后一批"斗牛犬"，期间因与法国土地神-罗讷（Gnome-Rhone）公司的"水星"（Mercury）发动机生产纠纷而推迟了交付时间。

■波利卡波夫（Polikarpov）I-153：冬季战争中芬兰俘获的战斗机中包括图中的I-153。事实证明，芬兰人难以驾驭该机型。

■波利卡波夫 I-159：除 I-153 外，芬兰亦俘获了几架 I-16。图为一架双座 I-16UTI。

上图：摄于1940年，为"斗牛犬"Mk IIA，隶属芬兰空军。该机型是由瑞典提供，参与了冬季战争。

右图：与两次世界大战之间英国皇家空军的大多数战斗机一样，"斗牛犬"飞机安装了两挺前射机枪，分别置于前部机身两侧，通过发动机整流罩射击。

下图："斗牛犬"105D，基本为 Mk IIA 款，另加装滑橇装置。最终交付量为 4 架。

上图：瑞典分两批共购入 11 架"斗牛犬"。第二批共 8 架于 1931 年由瑞典飞行员驾驶从英国菲尔顿飞往瑞典。

下图：1930 年，爱沙尼亚首次购入"斗牛犬"。该战斗机在波罗的海空军与斯堪的纳维亚空军中广受欢迎。

上图：瑞典"斗牛犬"服役期间表现堪称完美，即使在冬季严酷的自然环境下依然保持高水准的表现。

布里斯托尔公司，F.2B 战斗机

1916年9月9日，安装142千瓦罗尔斯·罗伊斯"隼"式I发动机的布里斯托尔F.2A飞机进行首飞，结果十分糟糕。

F.2B解决了F.2A存在的问题，提升了性能，将动力装置更换为205千瓦"隼"式III发动机，并于1916年10月25日成功试飞，最终成为第一次世界大战期间最杰出的战斗机之一。战斗机前部座舱机组人员利用前射机枪对敌军展开攻击，后部座舱机组人员则负责抵御来自上空及后方的敌军攻击。

第一次世界大战结束后，许多英国皇家空军飞行中队解散。然而，此时英国向外扩张殖民领地的意愿仍然十分强烈，因此F.2B随军前往海外，充当"空中警察"，执行日间轰炸与陆空联络任务。

由于中东及周边地区多沙漠或类沙漠地区，F.2遭遇发动机散热器被沙尘堵塞、发动机过热等问题。因此，在该地区服役的F.2更换了发动机散热器，并为适应当地气候环境做出了其他调整。最后一批F.2B在印度服役至1932年。

F.2B 性能参数

机　　型：双座战斗/侦察机，配合陆军行动飞机
动力装置：205千瓦罗尔斯·罗伊斯"鹰"式III 12缸直列发动机
最大速度：1525米高空198千米/小时
续航时间：3小时
爬升率：爬升至3048米高空需11分15秒
实用升限：5485米
重　　量：空重975千克，最大起飞重量1474千克
武器装备：7.7毫米口径机枪3挺，载弹量108千克
外形尺寸：翼展　11.96米
　　　　　机长　7.87米
　　　　　机高　2.97米
　　　　　机翼面积　37.62平方米

下图：布里斯托尔战斗机在役时广受欢迎。图中战斗机下翼挂载12枚9千克库珀（Copper）炸弹。

左图：仅存的一架适航布里斯托尔战斗机，在英国举行的沙特尔沃思（Shuttleworth）夏季航空展中进行了飞行表演。

第一次世界大战中的布里斯托尔战斗机

■侦察兵（SCOUT）C：该机型隶属英国皇家海军航空队，1915年11月3日从甲板成功起飞，完成首飞。

■M.1 单翼机：由于官方对单翼机的设计并不信任，因此M.1产量极小，并未参与战场前线战斗，仅在大后方服役。

■侦察兵F：由于发动机故障，其首飞推至1918年3月。该型号没有生产型飞机。

■M.R.1：该机型是F.2A的全金属发展型，仅建造了两架原型机。

上图：在印度西北战线战斗的部分F.2B飞机加大了方向舵，提升了炸弹挂载能力，最终发展成为Mk IV。

上图：在其鼎盛飞行时期里，F.2B利用机尾机枪进行防御。这张特别修正后的照片显示了刘易斯机枪的安装情况。

上图：前射机枪安装于发动机整流罩内，位于机身上部的油箱上方。

上图：利用F.2B改造而成的游览机用西德利"美洲豹"（Puma）发动机取代了罗尔斯·罗伊斯"隼"式（Falcon）发动机，并在调整后的驾驶舱后部两个座椅上安装了遮蓬（coupe），其飞行速度为206千米/小时。

布里斯托尔公司，"布伦海姆"Mk IV 型轰炸机

"布伦海姆"飞机的性能在20世纪30年代初期比较先进，但是离第二次世界大战的作战要求还相差较远。

由于"布伦海姆"Mk I飞机的领航员的隔舱太狭窄了，因此在Mk IV飞机生产时，在机头位置采用一种改良后的新型舱室，Mk IV于1938年末取代了Mk I飞机。

除了最初生产的80架以外，其余的Mk IV飞机都具有更为强大的引擎，在机翼上装有附加油箱，提高了航程。1939年3月开始配属英国皇家空军飞行中队，在第二次世界大战开始之后，一些飞机在机鼻下方的遥控炮塔内安装了后射机枪。

"布伦海姆"Mk IV飞机执行了英国皇家空军在战争中的首次轰炸袭击任务，并从1940年后期开始对德国进行了多次轰炸。此外，Mk V飞机尽管比其前面型号飞机的速度要慢，但英国皇家空军的第10中队在北非和远东地区使用了它。

Mk IV型飞机在芬兰许可生产，而加拿大则采用"博林布鲁克"的名称生产了600多架Mk IV型飞机。这些飞机中的大多数都是用作领航员和枪炮手教练机，而其他的则装上滑水橇式起落装置用于担负海上侦察任务。

上图：在加拿大生产的"布伦海姆"飞机都用于训练，为持续的战争培养领航员和枪炮手。

左图："布伦海姆"Mk IV飞机于1942年8月执行了轰炸机司令部的最后一次作战任务。此后该型飞机仍然继续留在训练部队中进行服役。

上图："布伦海姆"飞机的速度较慢而且到第二次世界大战爆发时已过时了。但它装备有最先进的武器，其生产量仍达到了3297架。其中一些飞机是由鲁兹和爱维罗公司生产的。

上图：这支由"自由法国"人员组成的部队装备了24架"布伦海姆"Mk IV飞机，该部队曾于1941年和1942年在叙利亚和西部沙漠地区进行了作战。在1942年的6个月中，这些飞机平均每天出动388架次。

上图：这三架Mk IV飞机中近端那架机翼下方装有一个携带2挺7.7毫米勃朗宁机枪的弗雷泽·纳什遥控炮塔。

上图：加拿大国内的皇家空军部队所使用的标志，通常与担负同样任务的英国皇家空军所使用的那些飞机的标志不一致。这架飞机在其机身上就具有一个与众不同的小圆盘标志，并在左舷上印有其序列号。

布里斯托尔公司，"英俊战士"战斗机

1939年，"英俊战士"首次出现，它机头偏平，类似战舰，非常坚固而且非常机动灵敏。早期采用"海克力斯"发动机的"英俊战士"飞机的动力稍显不足，动力更强的后期型号发动机使得它速度更快更敏捷。

"英俊战士"飞机的空间非常宽敞，从而能够携带巨大的第一代空中拦截雷达。装备雷达的战斗机加入英国皇家空军后，纳粹德国空军便放弃了对伦敦的夜间攻击。

"英俊战士"飞机在第二次世界大战所有前线参加作战。在1943年，"英俊战士"在其强大的枪炮武器基础上又增加了火箭弹，并结合了空中发射的鱼雷，从而使这一火力强大的飞机成为一种出色的远程战斗机、战斗轰炸机和反舰飞机。它摧毁了德国沿挪威海岸航行的大量舰船。澳大利亚的"英俊战士"飞机对日本的舰船进行了同样的打击。日本人给它起了个"低语死神"的绰号，用以形容它的星形发动机与众不同的声音。

TF.Mk X型 性能参数

类　　型：	双座低空攻击战斗机
发 动 机：	2台1320千瓦的布里斯托尔"海克力斯"XVIII星形活塞式发动机
最大航速：	400米高度时为488千米/小时
航　　程：	2366千米
实用升限：	4570米
重　　量：	空机重7076千克；满载后11431千克
武　　器：	6挺7.7毫米前射机枪，1挺活动的7.7毫米维克斯K式机枪，4门20毫米前射航炮，外加1枚鱼雷和2枚113千克炸弹或8枚41千克空对地火箭弹
外形尺寸：	翼展　17.63米
	机长　12.70米
	机高　4.83米
	机翼面积　46.73平方米

左图：到1944年，许多"英俊战士"飞机都被用作反舰鱼雷飞机。这些飞机使德国在欧洲海岸航行的舰艇陷于瘫痪。

上图："英俊战士"飞机的航程远、速度好、力量大，且是所有盟军战斗机中武器装备最重的一种飞机，机组人员们对他们的飞机拥有巨大的信心。

"英俊战士"飞机的衍生型

■ "英俊战士" Mk I型：首批 "英俊战士"飞机都被用作夜间战斗机和远程攻击战斗机。它们曾在北非和地中海为荣誉而战。

■ "英俊战士" Mk II型：布里斯托尔 "海克力斯"星形发动机的短缺，也就意味着该型飞机必须重新安装劳斯莱斯 "默林"发动机。所有的Mk II型飞机都被作为夜间战斗机使用。

■ "英俊战士" Mk IV鱼雷型：首架 "英俊战士"鱼雷飞机是一架Mk IV型飞机，该机又被称为 "Torbeau"。该机使用大功率的布里斯托尔 "海克力斯"发动机，并能够携带炸弹。

■ 美国陆军航空队中的TF.Mk X 型：这是第二次世界大战中美国陆军航空队使用的唯一一种英国飞机。其早期的Mk IV型也曾由美国陆军航空队在中东使用。

■ 澳大利亚Mk 21型：基本是澳大利亚制造的TF.Mk X飞机，依靠安装在机鼻处的雷达，主要执行反舰攻击任务。

右图："英俊战士"的机翼强劲，可携带火箭发射器或一枚113千克的炸弹，还能够承受巨大的战斗损伤。

右图：早期的 "英俊战士"飞机在携带一枚鱼雷时曾出现一些不稳定性，但在安装了新的横尾翼之后该问题得以解决。"英俊战士"是非常稳定的武器发射平台。

左图：TF.Mk X型飞机携带有一个机头套筒式超短波雷达，用以探测水面舰艇。这是第一种安装到飞机上的雷达。

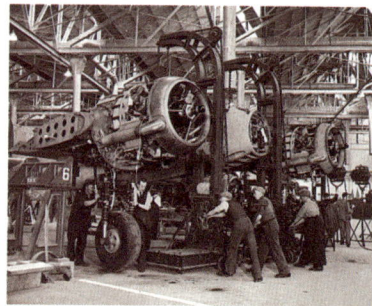

右图：布里斯托尔航空公司和澳大利亚的数个飞机厂一起，总共生产了超过5500架 "英俊战士"飞机。

◆首批生产的50架"英俊战士"飞机，据说在1941年的英国上空取得了60次夜间战斗的胜利。

◆"英俊战士"原型机于1939年7月17日进行了首飞。

◆采用"默林"发动机的"英俊战士"飞机于1940年7月26日进行了首飞。

◆英国皇家空军的"英俊战士"飞机在日本天皇的生日那天，攻击了占领缅甸的位于密支那的日本部队。

◆在1945年，澳大利亚的"英俊战士"飞机击沉了700多艘日本舰船。

◆1939—1944年，"英俊战士"飞机的生产总量为5564架。

上图：8枚火箭弹一次齐射与一艘巡洋舰的舷炮齐射火力相当，其效果是毁灭性的。

上图：装备有8发火箭弹的"英俊战士"飞机，对挪威海岸的目标进行攻击。

右图：将装备鱼雷和装备火箭弹的"英俊战士"飞机编组便成了专用于打击舰船的组合，能够摧毁海上的任何目标。

超级马林公司，"喷火" Mk I-V 战斗机

水上飞机设计师雷金纳德·米切尔设计的"喷火"战斗机，有不受螺旋桨阻碍射击的装在椭圆形机翼上的8挺机枪，性能出色，可以全天作战。它不是远程飞机，但总在空中对决中获胜，它可以接近音速的速度俯冲，比德军的任何飞机都快。

"灰背隼"发动机用于早期的"喷火"式飞机，后来采用了更强有力的"格里芬"发动机。"喷火"飞机的后期型号安装了球形座舱盖，这使其成为

历史上最美的战斗机之一。舰载型"海火"飞机源于"喷火"Mk V，为英国海军做出了重要贡献，直至第二次世界大战末期新型美国舰载机出现才退役。

在不列颠之战中，"喷火"战机作为设计先进的第一流战机为保卫英伦三岛立下了不朽功勋，这场空中大战也改变了战争的进程。尽管"喷火"战机比霍克"飓风"战机数量要少，但在第二次世界大战各战场都可见到它的身影。

Mk VA 性能参数

类　　型：单座战斗机/截击机
发动机：1台1074千瓦的劳斯莱斯"灰背隼"45式V形活塞发动机
最大航速：在3962米高空为602千米/小时
航　　程：1827千米
实用升限：11278米
重　　量：空机重2268千克；满载后重2903千克
武器装备：8挺7.7毫米口径伯朗宁机枪，每挺备有350发子弹
外形尺寸：翼展 11.23米
　　　　　机长 9.12米
　　　　　机高 3.48米
　　　　　机翼面积 22.48平方米

左图：飞行员喜爱宽敞而且视界良好的"喷火"飞机的座舱，滑动座舱盖后来被球形座舱盖代替。

左图：很少有可以飞行的"喷火"飞机保存了下来；这类飞机都是各大航展的最亮点。

防御英国

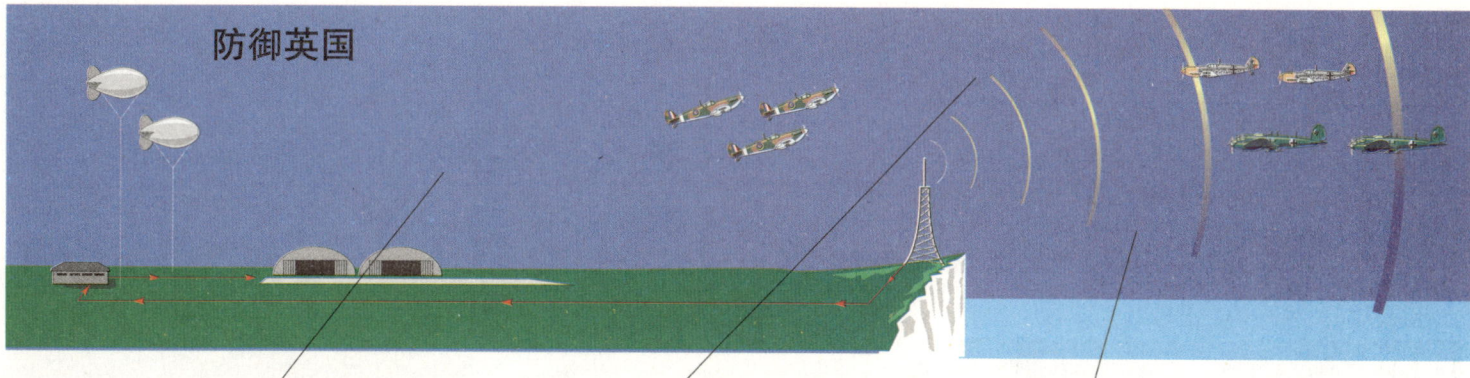

■防区控制：皇家空军战斗机由中央司令部集中控制。它协调雷达站、观察员和战斗机的信息，派遣战斗机对付各方向的威胁，确保珍贵的战斗机资源的最有效使用。

■英国本土防御雷达链：沿南部和东部海岸的雷达站链确保没有未被探知的空袭临近。

■即将来临的空袭：德国空军在其法国基地的上空编队时经常被探知，因此当他们穿越海峡时，皇家军就已经升空并占领有利阵位准备截击。

左图："喷火"飞机的出色性能部分源于其既漂亮又高效的椭圆形机翼。

下图："喷火"飞机与Bf-109飞机共有的弱点就是其细长的外部可收放式起落架。这使其在地面上或航母甲板上容易出现意外。

上图：第303中队（波兰人）正在清理他们第178驾被击落的敌机残片。许多皇家空军"喷火"飞机中队都由外国飞行员组成，包括捷克人、法国人和比利时人和著名的美国"银鹰"中队。

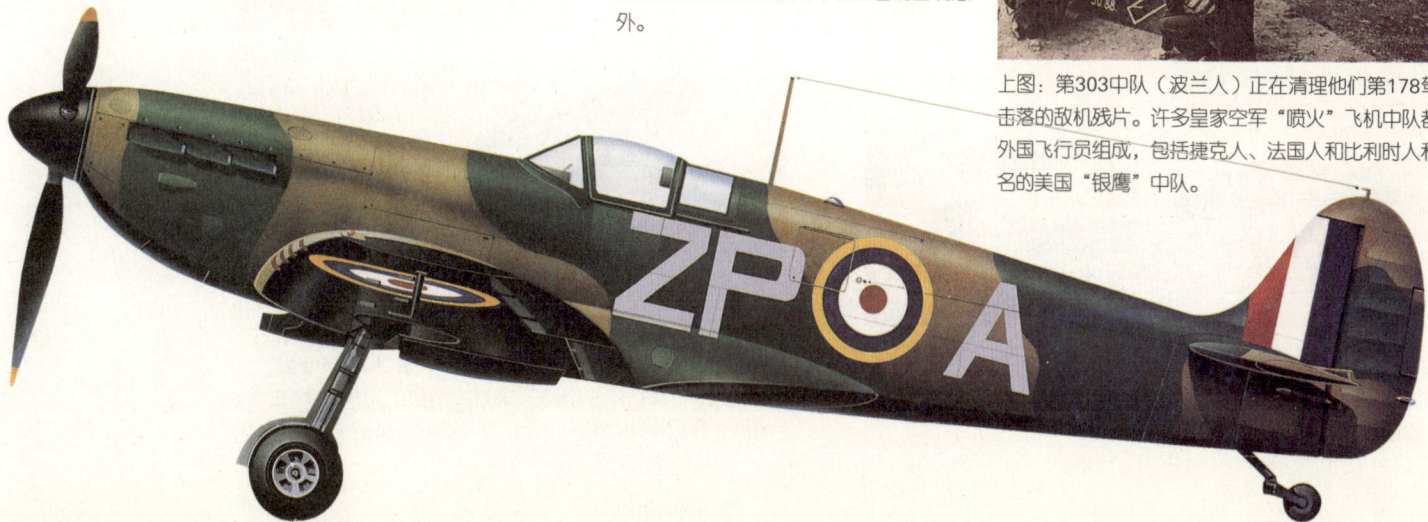

◆ "喷火"飞机原型机于1936年3月5日首飞。
◆ 第二次世界大战期间,有600多架"喷火"飞机由美国空军飞行。
◆ "喷火"飞机总能与其对手即梅塞施米特Bf-109飞机对抗,这两种飞机是当时最好的飞机。
◆ 1941年,"喷火"飞机在机枪的位置上换装了航炮。
◆ "喷火"飞机可用于低空作战,它有专为高灵敏性而设计的直角翼尖机翼。
◆ 在1936—1947年期间,共制造了22890架"喷火"飞机。其中的20017架飞机安装了"灰背隼"发动机。

左图:"喷火"飞机由技术工人手工制造,它的装配时间是其主要对手可怕的德国梅塞施米特Bf-109飞机装配所需时间的3倍。

右图:不列颠战役之后,"喷火"飞机被派往法国上空巡逻,即众所周知的"大黄"任务,以攻击诸如火车或护航运输队之类的适当目标。

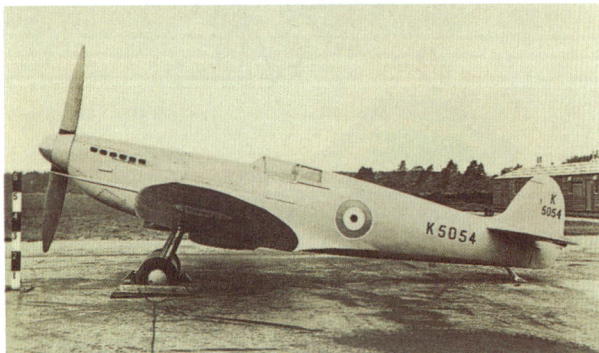

上图:第一架"喷火"飞机装有1台双叶片螺旋推进器和1个尾橇。它所采用的"灰背隼"发动机功率仅有后来大量采用的"格里芬"发动机功率的一半。

上图:携带两枚110千克炸弹的"喷火"飞机可以成为十分有用的战斗轰炸机,在北非和欧洲均表现出色。后来生产的"喷火"飞机携弹量增加了一倍,还可携8枚火箭弹。

超级马林公司，"海象"救援机

"海象"外机身采用布蒙皮设计，超级马林生产的"海象"采用全金属机身结构，桑德斯生产的"海象"采用的是木质结构。早期的"海象"水陆两用飞机最终采用布里斯托尔飞马发动机。1936年，"海象"进入英国舰队航空兵开始服役，并以"海象"的名字开始服役。

由于"海象"独特的弹射起飞设计，搭载在澳大利亚、新西兰等海军战舰及巡洋舰之上，几乎出现在各个战场上。

"海象"在皇家空军服役中也扮演了重要角色，援救了多名落水人员。

"海象" Mk I 性能参数

机　　型：	四座侦察机，水陆两栖飞机
动力装置：	578千瓦布里斯托尔飞马VI活塞式发动机一台
最大速度：	1524米高空速度217千米/小时
航　　程：	966千米
实用升限：	5210米
重　　量：	空重2223千克；最大起飞重量3266千克
武器装备：	7.7毫米口径维克斯K形机枪及两挺相同配置机枪位于中部；机翼下方可搭载272千克炸弹或深海炸弹两只
外形尺寸：	翼展 13.97米
	机长 11.35米
	机高 4.65米
	机翼面积 56.67平方米

上图："海象"采用推进式发动机及双翼设置，与第一次世界大战时其他战斗机相比速度上并无优势。然而，其水上降落及救援能力使其成为海空救援的首选机型。

上图："海象"采用推进式发动机及双翼设置，与第一次世界大战时其他战斗机相比速度上并无优势。然而，其水上降落及救援能力使其成为海空救援的首选机型。

"海象"在英吉利海峡的营救行动

在不列颠之战中，皇家空军的营救行动毫无条理。然而，1914年，在经过反思之后，一场计划周密、协调顺利的营救挽救了多名飞行人员的生命。

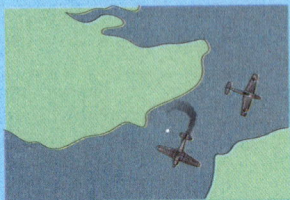

1. 击落：如果看到一名英国飞行员落水，那么有两种可能：要么他被击中，弃机而逃；要么他跳伞逃生。因而他很可能已经穿好救生衣且在落水时为救生艇充气完毕。

2. 发现幸存者：当在海中发现幸存者后，"海象"就会被召集，实施援救。幸存者可使用海水染料或发射信号弹吸引救援机的注意。

3. 救援："海象"飞行员会尽可能将飞机降落在离幸存者较近的地方并躲避水雷和敌军炮火。之后，系在飞机上的小艇会扔出一条绳索。幸存者拉住绳索，被"海象"拖拽上机，并尽快撤离该地。

上图："海象"共成功挽救2000余名飞行人员。通常在遍布水雷的敌军水域着陆。

左图：超级马林公司生产的MkI版本采用经过阳性处理的铝制金属机身。Mk II由桑德斯生产，采用木质机身结构。

上图:从陆地起飞后,机轮便收回机翼内,以使其更好地完成水上作业。

上图:"红男爵"传奇的一生在大荧幕上经久不衰,好莱坞因此也订购了许多Dr.1的仿制品。

上图:由于战斗机司令部的飞行员的数量十分有限,海空救援在不列颠之战时非常重要。许多优秀的飞行员被"海象"救出。

左图:在执行完飞行架次后,"海象"均会被吊车吊到载舰上,且设置多重安全保护,以防止被巨浪损伤。

右图:舰载"海象"需通过弹射器发射起飞。澳大利亚将其称为"海鸥"MkV。

电气公司，"堪培拉"轰炸机

"堪培拉"飞机由W.E.W."特迪"彼特（"Teddy" Petter）设计，并于1951年加入到皇家空军服役，从此开始了它的飞行生涯，像世界上最主要的轻型轰炸机一样，其起初被认为一种中等的技术进步，但是几乎很快就确立了它的重要地位。没有其他任何东西能和它媲美："堪培拉"飞机能够和它同代的战斗机飞行一样快并像它们一样敏捷，它也能够装载适当的武器载荷，以不可思议的准确性打击1500千米外的目标，并能使机组成员安全返回。

"堪培拉"飞机使用过多个型号的发动机作为动力并被用于许多不同的用途。它极好地用于侦察方面，包括普通摄像和冷战时期暗地里更加秘密的电子搜索任务。其他的"堪培拉"飞机用作教练机和试验机也很优秀。美国人购买的飞机被称作马丁（Martin）B-57，在其服役的40年间，该机型还被其他许多国家飞行使用。

由布里斯托尔·奥林帕斯（Bristol Olympus）涡喷发动机驱动的"堪培拉"飞机，在1955年8月创造了20079米的世界高空飞行纪录，两年后达到21336米。在性能的每一个方面，"堪培拉"飞机都是首屈一指的。

B.Mk6 性能参数

类　　型：轻型轰炸机，并有电子的、摄像侦察和靶机拖曳机衍生机型

动　　力：2台33.36千牛推力罗尔斯·罗伊斯埃冯（Avon）Mk109涡喷发动机

最大飞行速度：在高空12190米时为871千米/小时

航　　程：5842千米

实用升限：14630米

重　　量：空重10099千克；正常起飞重量19597千克；最大起飞重量24041千克

武　　器：可携带多达9枚内埋式454千克炸弹或其他弹药；2枚安装在机翼上的454千克炸弹，机枪箱，AS.30或马特尔（Martel）导弹，或火箭发射器

尺寸大小：翼展 19.51米（不包含翼尖油箱）
　　　　　机长 19.96米
　　　　　机高 4.75米
　　　　　机翼面积 89.19平方米

左图：拦截机B（1）.Mk8型可以携带一个腹部机箱，装载4门用于低飞扫射的ADEN机炮。然而，它的主要用途是战术核轰炸。

上图：秘鲁买了一新一旧两架"堪培拉"飞机，它是最后一种轰炸机型号，在与厄瓜多尔边界冲突期间使用了该战机。

"堪培拉"B（1）.Mk8：核打击

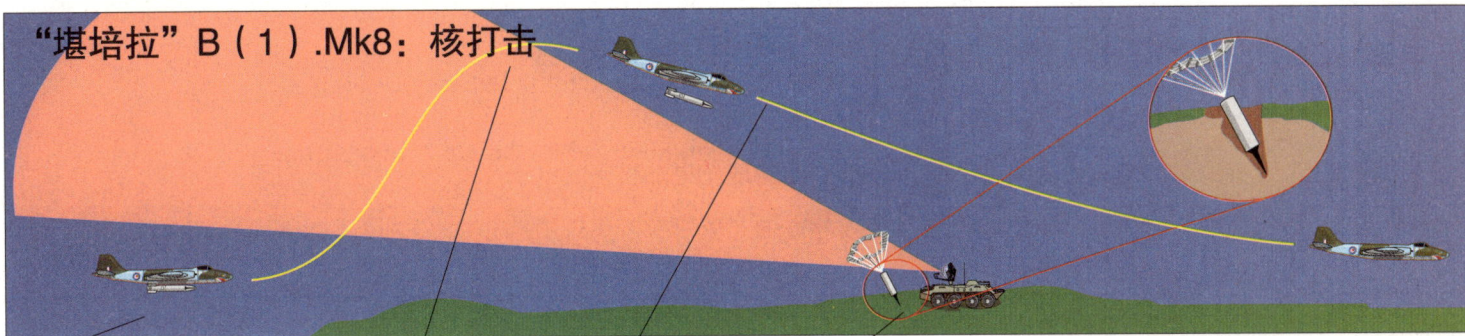

1.低空：B（1）.Mk8飞机基地位于德国，以支援北约。在整个20世纪60年代，只有一种方法能飞抵它们要打击目标附近的任何地方，那就是以低空飞行躲避雷达的探测。

2.突然拉起：当"堪培拉"飞机临近它的目标时，将会突然拉起数百米以作最后的冲刺。

3.向下俯冲：美式Mk43战术核弹在飞机低空飞行正好穿过目标时被投放。

4.减速伞–减速：炸弹带有一个减速降落伞，它可以使"堪培拉"飞机在核爆前成功逃逸。

左图：拦截机"堪培拉"B（1）.Mk8和它的出口型飞机在其机身左舷的位置处有一个歼击机式的座舱鼓包，一个驾驶员坐在那里，而导航员坐在机头位置。

上图："堪培拉"飞机依赖地面站的精确导航进行仪表投弹，投弹手坐在玻璃机头位置，以便准确瞄准轰炸。

右图："堪培拉"飞机是皇家空军轰炸机机队的主要战机，一直保持到V轰炸机投入服役，接替了其承担的战略核轰炸任务。这些B.Mk 6飞机是来自第9航空中队的飞机。

下图："堪培拉"飞机由一个三人制机组来驾驶，机组成员包括一名坐在驾驶舱内的驾驶员以及坐在其身后机身下部的一名导航员和一名轰炸员。轰炸员为了用目视瞄准投弹，可以爬过驾驶员的座椅俯卧在机头。

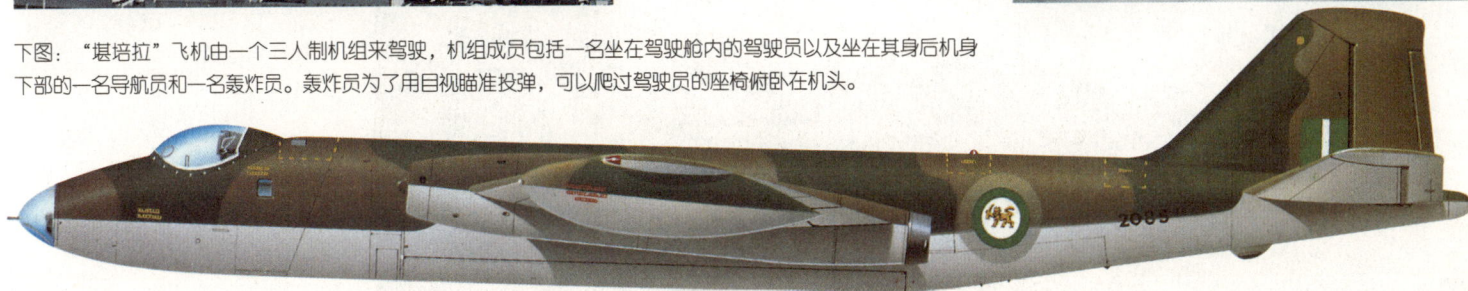

上图：这是一架在马尔维纳斯群岛战争中所使用过的"堪培拉"飞机，它是阿根廷的而不是英国皇家空军的。有一架飞机被海上"鹞"式（Sea Harrier）飞机击落了。

左图：正常的轰炸型"堪培拉"飞机在内部装载炸弹，但拦截机如这架B（1）.Mk6则把炸弹挂在了翼下挂架上。

左图："堪培拉"飞机在许多冲突中被使用，包括越战，在那儿皇家澳大利亚空军使用该机进行轰炸袭击，其旁边伴有美国空军（USAF）的飞机。注意图片中的翼尖炸弹挂架。

电气公司，"堪培拉"侦察机

2001年，皇家空军庆祝了"堪培拉"飞机连续服役50周年。在连续服役期，它被作为一种可靠的和很适用的侦察机。"堪培拉"PR.Mk3原型机于1950年3月19日进行了飞行。在B.Mk2轰炸机的基础上，Mk3飞机又伸长了35.5厘米，以便安装外部油箱和摄像装备。为皇家空军制造了35架该机，随后又生产了74架衍生自远程B.Mk6飞机的PR.Mk7飞机（它于1953年首飞）。

据称皇家空军的PR.Mk7飞机在1954年高空掠过苏联境内，为皇家空军的核武部队轰炸机获得了重要目标的信息。

新型较长翼弦的机翼和功能更强大的埃冯（Avon）发动机使PR.Mk9飞机大大提高了高空性能。该型机在1960年进入服役，为皇家空军在德国、塞浦路斯、马耳他和新加坡提供服役。在1962年古巴导弹危机期间，皇家空军的PR.Mk9飞机跟踪了苏联的航运活动。最近很多时候，皇家空军的5架最新的PR.Mk9飞机经常在波斯尼亚上空进行情报收集飞行。"堪培拉"侦察机已经出口到印度、委内瑞拉和智利。

PR.Mk9 性能参数

类 型: 高空、远程照相侦察机

动 力: 2台50千牛推力罗尔斯·罗伊斯埃冯（Avon）Mk206涡喷发动机

最大飞行速度: 在高空12192米为900千米/小时

初始爬升率: 3660米/分钟

航 程: 8160千米

实用升限: 超过18300米（最大飞行高度超过21000米）

重 量: 空重约13608千克；最大起飞重量26081千克

尺寸大小: 翼展 20.68米

机长 20.32米

机高 4.75米

机翼面积 97.08平方米

上图：这架PR.Mk7飞机是在意大利的西西里拍摄电影的训练路线上被拍摄的。皇家空军后来保留了两架Mk7飞机以用于训练，印度继续使用着一些PR.Mk57飞机。

左图：象征着该部队早期作为轰炸机中队的历史，在这架Mk9飞机垂尾上的"机翼炸弹"徽章是皇家空军第39航空中队的标志。这架飞机目前被保存在皇家空军的外特（Wyton）基地，被当作门卫。

"堪培拉"飞机的照相机

专业照相机安装: "堪培拉" PR.Mk9飞机安装有专用于战术侦察的照相机, 它多用于日间勘查工作, 安装的照相机带有多种可变焦镜头。对于夜间/全天候工作, 使用了一个红外 (IR) 行扫描装置, 通过展现目标地区物体的相对温度, 以观察被云彩遮蔽的目标。"堪培拉"飞机使用的红外行扫描设备来自退役的"鬼怪" (Phantom) FGR.Mk2飞机。

关键数据:

- 3×F.95照相机
- 1×F.96面向舱门的倾斜广角式照相机
- 1×F.49 Mk4勘查照相机
- 2×F.96照相机, 其带有长焦镜头
- 1×F.96垂直照相机, 其带有短焦镜头
- 1×IR行扫描装置

战术侦察/勘查

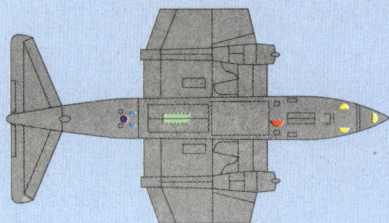

夜间/全天候侦察

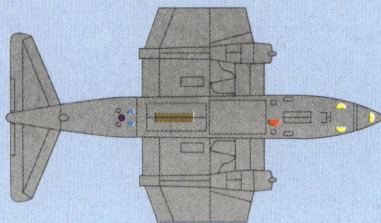

上图: 为了进行改装训练, 皇家空军使用了部分T.Mk4和PR.Mk7飞机。

上图: 图中展示了重新设计机翼的飞机, 这架WH793飞机是第一架PR.Mk9飞机。它是从PR.Mk7飞机转换而来的, 保留了早期样式的座舱。

下图: 在20世纪80年代早期, 在多种皇家空军的机型中都换装了低可见性的纤维材料涂装色, 包括"堪培拉"侦察机、"猎迷" (Nimrod) 海上巡逻机以及"胜利者" (Victor) 和"维瑟" (VC) 10空中加油机。

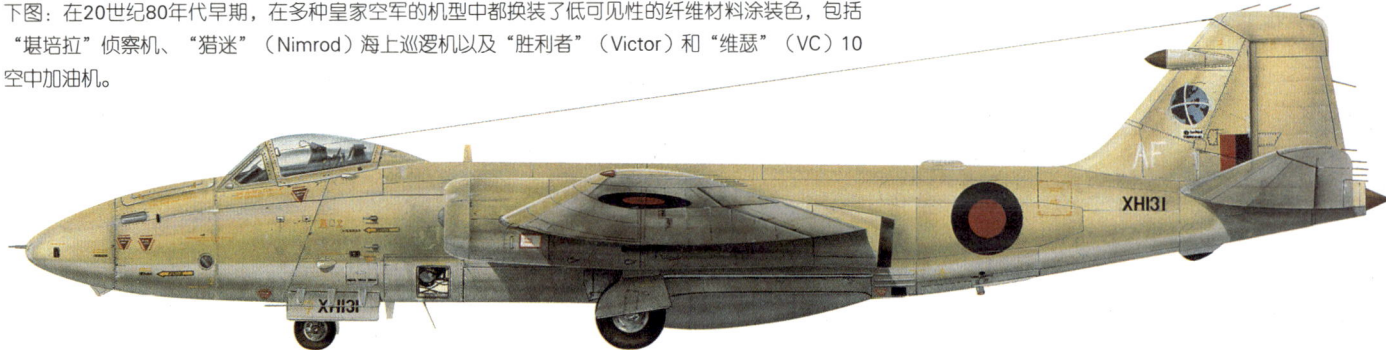

◆ "堪培拉" PR.Mk3原型机现在停放在皇家空军博物馆，曾赢得了1953年伦敦到新西兰的空中速度竞赛冠军。

◆ 在1996年晚些时候，一架皇家空军的PR.Mk9飞机被用来确定扎伊尔的户旺达难民的位置。

◆ 皇家空军的PR.Mk9飞机在执行侦察任务中，伴飞飞机有"狂风"（Tornado）GR.Mk 1A战斗机。

◆ 到1996年，智利的最后2架PR.Mk9飞机被认为坠毁了；印度还在飞行使用着6架PR.Mk57飞机。

◆ 在和平时期，皇家空军的"堪培拉"飞机用来测绘军事装备和区域地图。

◆ 1996年，第39空军中队使用PR.Mk9飞机开始绘制肯尼亚的地图。

上图：像"堪培拉"轰炸机一样，PR.Mk3 和PR.Mk7飞机能够携带两个翼尖油箱，每一个可容纳1137升燃油。

上图：像其他侦察装备一样，皇家空军的"堪培拉"侦察机队在服役期的大部分时间都被秘密地隐藏着。50年后，小量的机队还在使用，见证了它连续使用的效能。

上图：皇家空军幸存的Mk9飞机已经被升级了，它包括一个远程倾斜摄影（LOROP）照相机。

左图：PR.Mk7飞机源自B.Mk6轰炸机，它突出的特点是玻璃机头，但是它没有轰炸员的光学平板玻璃。它银色的磨光表面后来被涂装颜色所替代，从而取得了低可见性纤维材料的效果。

电气公司，"闪电"战斗机

"闪电"（Lightning）是英国航空工业自行设计并制造过的唯一一种两倍音速飞行的双发单座喷气战斗机。该机最先是由英国电气公司以纯粹的超音速研究机开始设计研制的，后来又以P-1的代号转为实用型超音速战斗机投入进一步的开发。1952年12月，装第一种后掠机翼方案的试验原型机实现首飞。

"闪电"飞机的最大设计特点是在后机身内使两台埃冯喷气发动机别出心裁地呈上下重叠安装（上部一台更靠前一些，而且驾驶舱则"骑"在贯通机身的进气道之上）。该机采用机头进气，在后来战斗机型的圆形进气口中央有一个内装火控雷达的固定式调节锥。

1956年11月，英国皇家空军正式提出"闪电"战斗机的生产订货要求，决定先生产20架预生产型。之后，又于1958年第二次提出订货要求。到1970年完全停产时为止，"闪电"式战斗机一共研发生产了10种改型。

上图：使用机翼上的油箱是"闪电"飞机独有的特性。通常携带这种油箱以补充该机航程不足的劣势。

左图：一架"火神"（Vulcan）飞机带领着一个"闪电"飞机的四机编队，在20世纪60年代形成了英国坚固的空中武装力量。

马赫数 2 的先锋

■萨伯（SAAB）J35"龙"式战斗机：这架与"闪电"飞机同代的瑞典战斗机以它自己的特性令世人吃惊。它最突出的特性是具有独特的双三角翼。

■洛克希德的F-104"星"式战斗机（STARFIGHTER）：像"闪电"飞机一样，F-104飞机被设计为一种快速爬升且高速的拦截机。它属于体型较小、动力不大的飞行器。

■达索"幻影"Ⅲ飞机：三角翼"幻影"飞机是欧洲第一种马赫数达到2的在役喷气式飞机。它比"闪电"飞机轻得多，取得了商业出口的很大成功。

■米格-21飞机：该机在1957年开始服役，它是苏联航空飞行器中的中流砥柱，曾出口到很多国家，其被生产的架数比任何其他超声速战斗机的生产都多。

上图：速度极快的性能和单座特性，以及"闪电"飞机充分具有的其他性能，都是精通战斗机的飞行员所梦想拥有的特性。甚至在该机服役末期，能够飞行强大的双发喷气式飞机在皇家空军里都是最受欢迎的幸事。

下图：为了提高速度，闪电飞机具有令人难以置信的后掠机翼。在后来的飞机上增加了一个小型的扭结（kink）以提高其操纵性。

下图："闪电"飞机尽管受到它的驾驶员喜爱，但它不是一种容易驾驶的飞机。它的座舱相当狭窄，并且其仪表和控制设备都是20世纪50年代制造的。

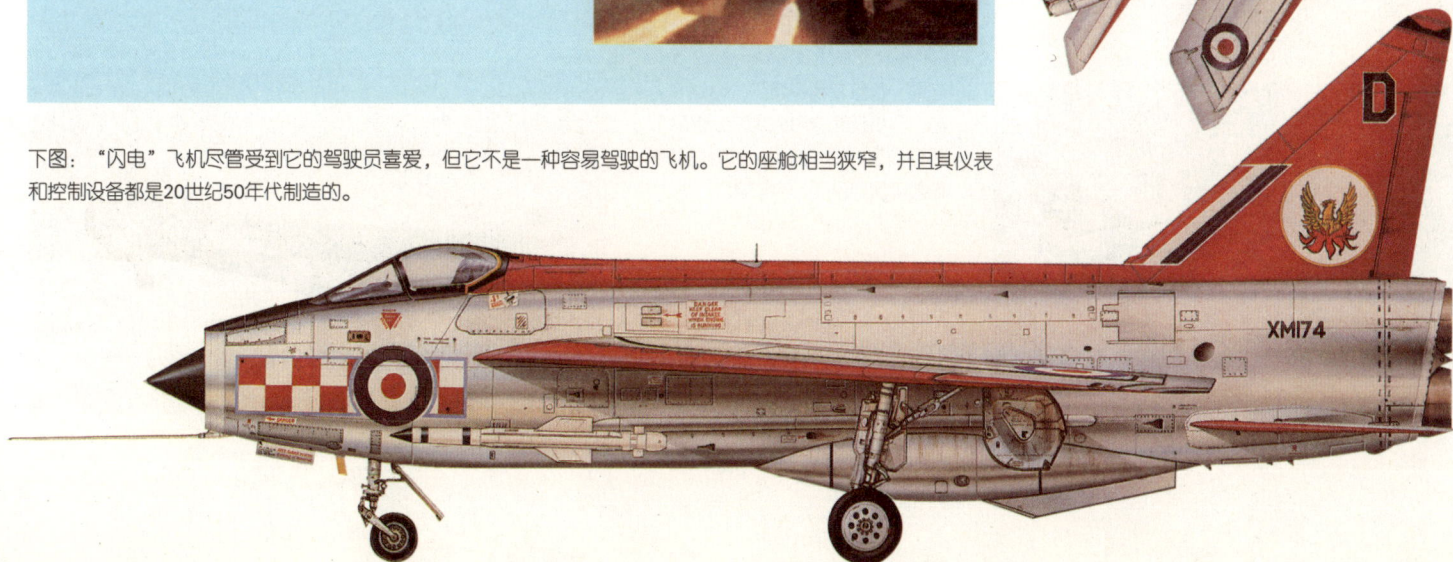

◆ P.1A原型机在1954年8月4日首飞。

◆ 使用了一个小型试验机来测评"闪电"飞机的机翼构型。

◆ "闪电"飞机的原型机P.1B是第一种两倍声速飞行的英国战斗机，在1958年9月25日进行了首飞。

◆ 总共制造了337架"闪电"飞机，包括试验机和出口科威特、沙特阿拉伯的飞机。

◆ 曾计划改进"闪电"飞机，但从来也没有实施过。

◆ "闪电"飞机是全英最新的超声速战斗机。

上图："闪电"飞机是一种具有快速反应能力的拦截机。即使在20世纪90年代大型喷气式飞机出现的旧时代，也只有如F-15和苏-27类的战斗机才能与它的超级爬升性能相匹配。

上图："闪电"飞机具有很好的操纵性。为了使飞行员熟悉它的特性，开发了一种带有宽大机头的双座教练机，以并排容纳学员和教练。

左图：科威特和沙特阿拉伯是"闪电"飞机仅有的海外用户，这两个海湾国家的空军使用该机的拦截性能防御它们沙漠上的空域。

右图：这是一架英国电气公司的P.1A——"闪电"飞机的先驱，它具有突出的圆形-三角形进气口，没有雷达和短小的垂尾，明显的后掠机翼是它当时独有的。

德·哈维兰公司，DH.98 "蚊"式轰炸机

"蚊"式飞机是由德·哈维兰公司设计制造的木质轻型轰炸机。该机主要结构均为木质，因此身轻如燕，不仅性能优良、速度快，而且价格低廉、节省原料，迅速成为一种颇具特色的杰出机型。"蚊"式轰炸机在第二次世界大战中因生存率高、性能优良，被大量生产、改装，成为多功能飞机。在整个战争期间，"蚊"式轰炸机创造了皇家空军轰炸机作战生存率的最佳纪录。"蚊"式飞机是英国人的骄傲，更是充满了传奇色彩的一代名机。

虽然因为哑弹而失败，但在对奥斯陆盖世太保司令部的攻击中却证明了"蚊"式飞机速度快而且灵活敏捷。从此，高速精确的空中打击成为"蚊"式飞机的主要战术，这也很快地应用到其他的任务之中。

几乎有48种型号的"蚊"式飞机执行了每一种战时任务，包括在战线后方迅速撤回谍报人员到在空中拍摄敌国目标等任务。"蚊"式飞机在整个战争中一直持续不断地对特殊目标进行精确轰炸，如法国亚眠监狱、海牙的盖世太保司令部和V-1飞弹的发射场等。每一次任务中，"蚊"式飞机都显示了其独特的作战能力，即快速出击、猛烈打击和干净利落地逃离。

B.Mk IV型 性能参数

类　　型：高速轻型轰炸机
发 动 机：2台918千瓦的劳斯莱斯"默林"21直列式活塞发动机
最大航速：在6400米高度时为612千米/小时
航　　程：3000千米
实用升限：10500米
重　　量：空机重6400千克；满载后10200千克
武　　器：最大内部载弹量为4枚227千克炸弹
外形尺寸：翼展　16.51米
　　　　　机长　12.43米
　　　　　机高　4.65米
　　　　　机翼面积　42.18平方米

左图：在被占领的欧洲上空，不论是白天还是夜晚，"蚊"式飞机几乎都能够以其他飞机无法达到的速度飞行，并能够从非常高的空中给予目标毁灭性的攻击。"蚊"式的轰炸机型都具有与战斗机差不多的速度和敏捷性，并且通常都能够从敌军的攻击中逃脱。

上图："蚊"式飞机在英国、加拿大、澳大利亚等总共生产了43个改型机共7781架，并令人难以置信地成为战时英国飞得最快的双发军用机，而且和"兰开斯特"、"喷火"两种飞机一起，成为第二次世界大战中皇家空军三大支柱装备之一。

武装 "蚊" 式轰炸机

　　"蚊" 式飞机主要是作为一种轻型轰炸机而设计的。早期的衍生型号并不具有较重的负载量，但该机的高速度意味着它能够攻击那些对于重型常规飞机而言无异于自取灭亡的目标。此外，它还非常擅长于在低空进行精确攻击，而在低空准确投放炸弹则要比纯粹投下成吨的高爆炸弹更为重要。

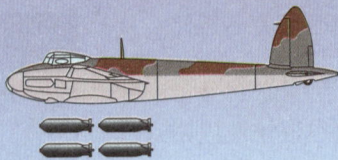

■早期的载弹量：为了进行精确的袭击，"蚊" 式飞机通常仅携带4枚227千克高爆炸弹。

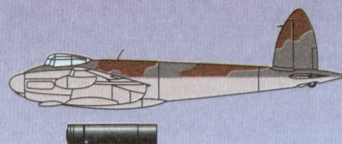

■凸出的炸弹舱：后期 "蚊" 式飞机的轰炸机衍生型具有一个凸出的炸弹舱，这就意味着它们能够携带单枚重达1814千克的爆破炸弹。

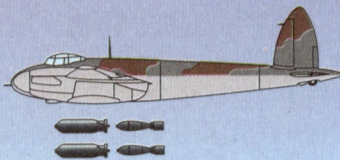

■战斗轰炸机：尽管安装了较重型的武器装备，但许多 "蚊" 式战斗机具有携带炸弹的能力。典型的载弹量是2枚227千克和2枚112千克炸弹。

"蚊" 式飞机漂亮的曲面式尾部外形是德·哈维兰公司飞机的一个典型特征，该尾部外形曾在战前的飞机如DH.88上使用，也在战后的 "花鼠" 教练机上使用。

右图：各式 "蚊" 式飞机拥有不同的机鼻样式。B.Mk IV型 "蚊" 式飞机具有一个装有玻璃的机鼻，其内安装有一部轰炸瞄准具。

◆ "蚊"式胶合板原型机于1940年11月25日进行了首飞。

◆ 43个型号的"蚊"式飞机总共制造了7781架,其中在英国制造了6439架,在加拿大制造了1134架,在澳大利亚制造了208架。

◆ 在第二次世界大战期间,共有12个盟军国家的空军部队使用了"蚊"式飞机。

◆ 在1944年3月25日,有一架"蚊"式飞机在英国皇家海军"不倦"号航空母舰上降落,该机成为在舰船上降落的首架双引擎飞机。

◆ 最后制造的一架"蚊"式飞机是一架夜间战斗机,该机于1950年11月28日交付使用。

◆ "蚊"式飞机是首批携带轰炸用雷达的飞机之一。

上图:基地位于中东的FB.Mk VI轰炸机负责在苏伊士运河上进行巡逻。炽热、干燥的沙漠气候并没有给这些飞机造成多少问题,但配属于远东的"蚊"式飞机却由于湿热的天气影响了木制配件胶合而遭遇了困难。

上图:"蚊"式B.Mk IV飞机负责为大量的"兰开斯特"和"哈里法克斯"部队标识目标,从而成为轰炸机进攻中非常重要的一部分。

上图:轻型的木制构造和其两台"默林"发动机所提供的动力,使得"蚊"式飞机在飞行速度上胜过了战争中几乎所有的其他轰炸机和战斗机。

上图:"蚊"式轰炸机机体外表平滑,没有任何凸出部分,而是利用机舱内部弹舱携带炸弹。后来的衍生机型具有一个凸出的炸弹舱以容纳大型的武器。

上图:这架喷有明亮颜色的PR.Mk 16飞机是一种不带武器的照相侦察机。这些"蚊"式飞机负责执行从敌国领土收集情报的危险任务,仅仅依靠其速度寻求安全。

上图:通常执行一次战术打击的载弹量为113千克或227千克炸弹,但改进后的轰炸机司令部的"蚊"式飞机可携带一枚1814千克"甜饼"炸弹。

德·哈维兰公司，DH.110"海雌狐"战斗机

第一架DH.110原型机在1951年飞行，但在一次事故中坠毁了，从而延迟了海军的订单。它也没有被选作皇家空军的新型战斗机，在1952年的投标中落马了。海军型飞机的飞行不迟于1955年，但第一架"海雌狐"FAW.Mk1飞机服役的时间是1960年。

"海雌狐"飞机携带有4枚"火光"（Firestreak）红外跟踪导弹，这是它那个年代的现代战斗机标志的一个特点；另一个是具有大型的机头雷达罩。

"海雌狐"飞机最不寻常的一个特点是它的雷达，没有观察员座舱，其隔间在机身的右侧，周围被雷达显示器昏暗的屏幕封闭起来。

FAW.Mk2"海雌狐"飞机装备了新型"红顶草"（Red Top）导弹，并有一个较长的尾桁，它扩展了机翼前缘的顶端，以装载更多的燃油。尽管没有看到该机在空中进行格斗，但"海雌狐"飞机直到20世纪70年代早期都是英国航母上的主战飞机。最后一个"海雌狐"空军中队在1972年解散。

FAW.Mk2 性能参数

类　型：2座全天候舰载拦截机

动　力：2台49.96千牛推力罗尔斯·罗伊斯埃冯RA.28 Mk208 15级轴流式涡喷发动机

最大飞行速度：高空为1030千米/小时

初始爬升率：3050米/分钟

航　程：2260千米

实用升限：14630米

重　量：最大起飞重量16783千克

武　器：在机身下部微型装置内装有28发51毫米火箭，再加4个翼下挂架上的2000千克武器

尺寸大小：翼展 15.24米
　　　　　机长 16.94米
　　　　　机高 3.28米
　　　　　机翼面积 60.19平方米

上图：第一架英国"海雌狐"飞机战斗机没有装备内部机枪，而是用28发51毫米火箭代替。

左图：一架FAW.Mk1飞机从陆地飞跃空中，携带了4枚"火光"（Firestreak）导弹以及外侧挂架下的油箱，这是一种标准构型。

海军航空兵部队的快速喷气机

- 布莱克本"掠夺者"（BLACKBURN BUCCANEER）飞机："掠夺者"飞机是一种专门设计的低空高速攻击机，它也服务于英国皇家空军。

- 德·哈维兰"海上毒液"（SEA VENOM）飞机："海上毒液"飞机是皇家海军第一种全天候喷气式战斗机，它服役期为20世纪50年代中期到1960年。

- 麦克道奈尔（McDONNELL）道格拉斯（DOUGLAS）"鬼怪"（PHANTOM）飞机：美国制造的但由罗尔斯·罗伊斯斯贝（Spey）驱动的"鬼怪"飞机是皇家海军最好的舰载战斗机。

- 海上飞机（SUPERMARINE）"弯刀"（SCIMITAR）：双发的"弯刀"飞机在1957年开始服役，它是联邦航空局（FAA）第一种后掠翼单座战斗机。

上图："海雌狐"飞机强大的雷达系统和导弹武器向前跨越了一大步，它与"弯刀"（Scimitar）和"掠夺者"（Buccaneeer）飞机一起，成为20世纪60年代皇家海军航母部队的主战飞机。

上图：FAW.Mk 1飞机为皇家海军首次装备了制导导弹，它携带的是德·哈维兰的"火光"（Firestreak）导弹。除了装载内部火箭外，还可以携带4枚这种导弹。

下图："海雌狐"飞机主要的探测设备是机头内的AI.18雷达，雷达罩铰接在飞机的右舷位置，以便维护。

◆ "海雌狐" FAW.Mk 2飞机在1963年3月8日首飞，第二年就装备了第一个空军中队。
◆ "海雌狐" 原型机在长时间延误后，于1951年9月26日进行了第一次飞行。
◆ "海雌狐" FAW.Mk 2飞机装备了第890、892、893和899空军中队。
◆1968年，皇家海军舰艇"鹰"（Eagle）号上的"海雌狐"飞机在一次北约演习中拦截了附近的苏联图-16"獾"（Badger）轰炸机。
◆ "海雌狐" 飞机的技术规范（N40/46）早在1945年就已发布。
◆ "海雌狐" 飞机携带有AL.18雷达和"火光"（Firestreak）导弹，它是一种全天候战斗机。

上图：FAW.Mk 2 是一种重大的改进飞机，它携带有新的红外制导红顶草（Red Top）导弹、空对地导弹和尾桁上的附加油箱。

上图："海雌狐"飞机在其鼎盛时期，曾充当皇家海军的表演队，被称作"西蒙的马戏团"（Simon's Sircus），在海上进行飞行表演。

上图："海雌狐"飞机被认为是一种安全的飞机，但是起飞后如果迫降在海上，观察员几乎没有看到它逃生的机会，在飞机的下方可以看到弹射器的缆索，以防其掉落在海里。

右图："海雌狐"飞机能成为受油机，但是也能从它自己的加油吊舱中给其他飞机加满油。

英国飞机制造公司，DH.2 战斗机

DH.2 是杰弗里·德·哈维兰早期 DH.1 战斗机的缩小版，依然采用推进式构型，使其配备的刘易斯机枪具有良好的射击视野。1915 年，英国航空工程师还未设计出可确保机枪穿过螺旋桨平面进行射击的实用"射击协调装置"。

尽管刘易斯机枪并未威胁到螺旋桨，但其在 DH.2 飞机上的初始安装位置确实给飞行员带来不少麻烦。座舱两侧均可安装机枪，飞行员可根据射击目标的最佳时机改变机枪位置。一边操作飞机一边左右移动机枪对飞行员而言颇具挑战。

DH.2 并不容易驾驶或从飞机上射击，但它却使英国飞行员在和德国福克飞机作战时有了优势。最后，刘易斯机枪被安装在飞行员正前方，在更多现代化德国飞机型号出现前，DH.2 飞机一直都是佼佼者。

DH.2 安装了一台气缸旋转式发动机，用以驱动螺旋桨。这是由英国飞机制造公司生产、杰弗里·德·哈维兰（Geoffrey de Havilland）设计的第二款推进式发动机。推进式螺旋桨的理念在航空史上被多次尝试，但很少生产出相当于"牵引式配置飞机"（发动机相当）的战斗机。虽然 DH.2 飞机的设计曾引人关注，但它始终未被列入第一次世界大战时期优秀战斗机行列。

DH.2 性能参数

机　　型：	单座侦察战斗机
动力装置：	75千瓦气缸旋转式活塞发动机一台，或82千瓦李隆（Le Rhone）转子发动机（后期机型）
最大速度：	海平面150千米/小时；巡航速度：126千米/小时
续航时间：	2小时45分
实用升限：	4265米
重　　量：	空重428千克；最大起飞重量654千克
武器装备：	7.62毫米前射路易斯机枪一挺，其霰弹筒装有47发子弹
外形尺寸：	翼展 8.61米；机长 7.68米；机高 2.91米；机翼面积 23.13平方米

上图：DH.2采用了敞开式座舱，飞行员完全暴露于外界环境，但视野良好。不久，飞行员便将机枪作为一种固定武器使用，并操纵飞机瞄准目标。

上图：双座 DH.1 和单座 DH.2 均采用了推进式螺旋桨设计，使得前向射击的视野很清楚。DH.2 未配备空中观察员，因此，飞机在空中的动作快速敏捷。

上图：DH.2 的发动机与螺旋桨均安装在敞开式机身中。

右图：作战中，DH.2 飞行员不仅需要一边驾驶飞机一边根据瞄准目标移动机枪在机身两侧的位置，同时还需移动装有 47 发炮弹的重型霰弹筒。

英国推进式战斗机

■维克斯 F.B.5 "炮车"（GUNBUS）：该机型设计于 1914 年，标志着英军开始着手为空战做准备。

■格雷厄姆 – 怀特（GRAHAME–WHITE）11 型：该机型是英军在 1915–1916 年间一次并不成功的战斗机设计尝试。

■布莱克本（BLACKBURN）三翼机：该机型最初的定位是成为德国齐柏林飞艇的"杀手"，但事实证明其性能并不尽如人意，因此只生产了一架。

■维克斯 161 型 "母牛炮"（COW GUN）战斗机：该机型设计于 1931 年，旨在搭载 37 毫米 "母牛" 机炮，是最后一件推进式战斗机作品。

英国飞机制造公司，DH.4 轰炸机

DH.4是英国为满足轰炸作战需求特别设计的机型，它是第一次世界大战期间最成功的战斗机之一。1916年8月，DH.4首飞成功后，发动机更换为罗尔斯·罗伊斯公司生产的"鹰"式（Eagle）航空发动机，从而使其性能可与同时期战斗机相媲美。DH.4轰炸机的双翼设计为飞行员与射击员提供了广阔的飞行视野与攻击视野。射击员座舱前方安装一至两挺刘易斯（Lewis）机枪，机身两侧装有一至两挺维克斯（Vickers）前射机枪。1917年，DH.4进入西部战线，其表现立刻引发各方关注。

第一次世界大战期间，英国共制造约1500架DH.4轰炸机。美国将"鹰"式发动机更换为功率高达294千瓦的"自由"12号发动机，并将其命名为DH-4轰炸机，其产量近5000架。1932年，美国陆军中的DH-4退役，但美国海军与海军陆战队仍继续使用了多年。

第一次世界大战结束后，DH.4飞机从英国皇家空军退役，许多被运往其他国家。美国制造的DH-4经改进后继续在其他领域工作。1500余架DH-4被改进成为DH-4B机型，其中100架被用于美国空中邮政服务，直至1927年退役。波音与福克大西洋航空公司（Fokker Atlantic）则将285架DH-4轰炸机改造为钢架机身。DH.4的改型机多达60余种，包括双座改单座、双操纵系统的飞行教练机、空中救护机等等。

DH.4性能参数

机　　型：轻型昼间轰炸机
动力装置：罗尔斯·罗伊斯12缸水冷直列V形发动机一台，功率280千瓦
最大时速：海平面速率230千米/小时
续航时间：3小时45分
航　　程：700千米
实用升限：6705米
重　　量：空重1083千克，最大起飞重量1575千克
武器装备：（以英国皇家海军航空队为例）驾驶员座舱前方维克斯7.7毫米口径前射机枪两挺，机身后部射击员座舱刘易斯7.7毫米口径机枪一至两挺，机身下可挂209千克炸弹。
尺　　寸：翼展 12.92米
　　　　　机长 9.35米
　　　　　机高 3.05米
　　　　　机翼面积 40.32平方米

左图：第一次世界大战结束后，数百架DH-4轰炸机被闲置。然而，不久后DH-4被重新起用，在民航领域找到用武之地，或运送邮件，或喷洒农药。【由美国改造生产的DH-4系列轰炸机装有更为强劲的294千瓦"自由"（liberty）发动机，因此，又被戏称为"自由飞机"。】

第一次世界大战：英国陆基轰炸机

■阿弗罗（Avro）504：1914年11月，英国皇家海军航空队4架改进后的504教练机从法国基地出发，对德国腓特烈港的齐柏林飞艇坞进行了突袭。

■英国皇家飞机制造厂（Royal Aircraft Factory）的BE.2飞机：这架双座侦察机很适合作为一架轰炸机使用，但是在面对敌方战斗机时很脆弱。

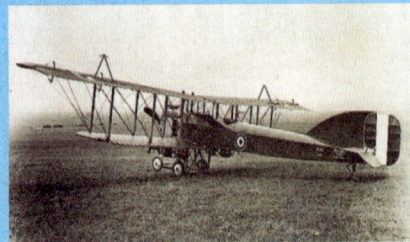

■肖特轰炸机（Short Bomber）：肖特公司制造的184型水上飞机的陆基型轰炸机，自1916年年末起，该轰炸机一直随英国皇家海军航空队作战。

■索普维斯（SOPWITH）-斯塔特（STRUTTER）：索普维斯配置有前射机枪，其在皇家海军航空队和皇家飞行团部队中用作护航战斗机与轰炸机。

上图：1923年，在美国陆军航空队（USAAC）服役的DH-4轰炸机成功进行了空中对接加油，并在空中持续飞行37小时。

下图：DH.4轰炸机于1917年4月正式参战。同年4月6日，第55空军中队由英国费恩威勒斯（Fienvilliers）出发，飞往法国北部城市瓦朗谢讷（Valenciennes）执行轰炸任务。其性能与当时的战斗机相差无几。

左图：DH.4机腹、机翼下共可挂载209千克炸弹。随着皇家陆军航空队第55中队收到第一架DH.4，皇家海军航空用的该型飞机同时面世。这些DH.4负责执行投放炸弹、护航射击、侦察、照相等任务。

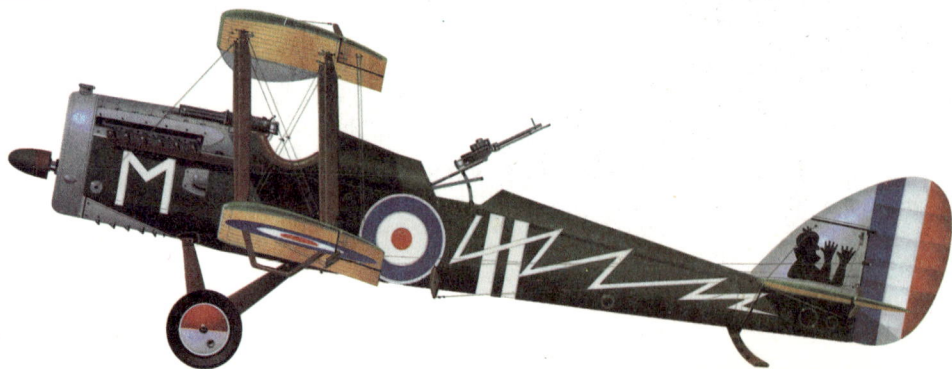

英国飞机制造公司，DH.9 与 DH.9A 轰炸机

为制造出超越DH.4性能的轰炸机，DH.9应运而生。英国军方对该机型寄予厚望，希望其在第一次世界大战中能够大显神威。鉴于该机型机翼、机尾、起落架外形结构均与DH.4相似，因此很容易进行大批量生产。然而DH.9装备的发动机性能不佳，致使其总体表现仍不及计划由其替代的旧有机型。

第一次世界大战中为抵御德军在伦敦的昼间轰炸，提高自身轰炸能力，英国皇家陆军航空队投入大量资金，在已有的DH.4机型上设计出DH.9机型。DH.9机型虽造型美观但动力不足。尽管开发中尝试过多种发动机，但试飞结果均显示动力性能不良。英国皇家飞行中队成员曾驾驶DH.9在法国作战，虽数次战胜德军，却仍因轰炸机动力性能不良而损失惨重。

皇家空军最后一批DH.9轰炸机作为空中救护车在索马里兰服役，1919年7月撤回英国。

后来的DH.9A却是当时最优秀的战略轰炸机之一。与DH.9相比，扩大的机翼面积与更为强劲的发动机使DH.9A表现出色。尽管其活跃期仅为第一次世界大战结束前的一年时间，但直至1931年，DH.9A机型都是皇家空军标配机型。

上图：DH.9A是1923年皇家空军在役飞机中最优秀的轰炸机。图为皇家空军第39中队队员驾驶DH.9A在进行编队飞行练习。

DH.9 性能参数

机　　型：双座轻型昼间轰炸机
动力装置：298千瓦"自由"12直列发动机一台
最大速度：3048米高空193千米/小时
续航时间：5小时45分钟
航　　程：1000千米
实用升限：5105米
重　　量：空重1012千克；最大起飞重量1508千克
武器装备：维克斯7.7毫米固定式前射机枪一挺，一至两挺刘易斯7.7毫米口径机枪用斯卡夫环固定于机尾驾驶舱，载弹量299千克
外形尺寸：翼展 14.02米
　　　　　机长 9.14米
　　　　　机高 3.44米
　　　　　机翼面积 40.32平方米

右图：第一次世界大战过后，为适应伊拉克及西北战场的炎热气候，继续在该地服役的DH.9A做出了调整，机头处安装了特大排风扇，上翼右舷下方装载大容量油箱。

63

英国飞机制造公司与德·哈维兰早期机型

■ DH.2：1915 年 DH.2 问世，此时英国已研发出机枪射击同步协调器，机头机枪射击从此不受螺旋桨干扰。DH.2 是一款相当成功的单座战斗机，采用了推进式螺旋桨并配置了一挺刘易斯机枪。

■ DH.4：DH.4 自 1917 年 3 月起在法国服役，是第一次世界大战期间最出色的设计之一。其优秀的操纵性能令其一经面世便大受好评。第一次世界大战结束后，美国仍继续制造了上千架 DH.4 轰炸机。

■ DH.10 亚眠（AMIENS）：DH.10 是在 DH.3 基础上研发的一款双发轰炸机，但由于出现太晚而未能参加第一次世界大战。和平时期，部分负责英国与德国占领区之间的航空邮政往来，部分在西北战场服役。

上图：DH.9A 又名 "Nine-Ack"（编号 "Nine-A" 的连读），其在第一次世界大战末期作为日间轰炸机服役了很短的一段时期。直至 1918 年，该机仍在生产。并在 20 世纪 20 年代，DH.9A 作为与陆军的联合作战飞机在伊拉克和英国西北边境（the North-West Frontier）等地服役。英国基地的轰炸机及其附属中队也装备了 DH.9A 飞机。

上图：在 1929 年亨顿飞机展上，陆军航空兵团（AC）第 208 中队驾驶 DH.9A 进行轰炸演习，对模拟要塞、模拟坦克发动了攻击。

右图：DH.9 改进了 DH.4 驾驶员座舱。DH.4 驾驶员座舱位于发动机与油箱之间，安全隐患极大，DH.9 对这一点做出了修正。DH.9 驾驶座略靠后，与射击员座位相邻，这样不仅使危险性降低，而且利于二者交流。

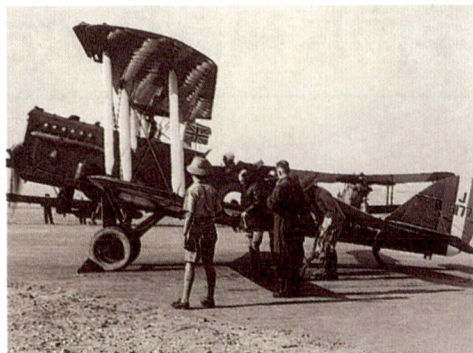

英国皇家飞机制造厂，B.E.2 侦察轰炸机

B.E.2最初于英国皇家飞机制造厂基地生产，1912年2月首飞，并持续服役至第一次世界大战后。战争开始时，至少有三支皇家飞行军团中队使用未配备武器的B.E.2a，之后的改进版本虽添加了武器装备，但机动性仍较差。1917年服役于西部前线。1914年8月战争爆发后，B.E.2a是登陆法国的首架英国战机。

后来生产的B.E.2b未装备任何武器，但可挂载45千克炸弹或3枚小型炸弹作为轰炸机使用。

B.E.2c的性能更加稳定，因而适合侦察和轰炸，但可操纵性略差。该机为齐伯林飞艇拦截机，据称已拦截了至少4个飞艇。在1915年的西部前线，在与带有前射武器装备的福克Eindecker飞机对战中，B.E.2损失惨重。

B.E.2的缺陷还包括前舱只配备了一挺训练用机枪。1916年的B.E.2d型调换了飞行人员及观察员的位置，并添加了前射机枪。

20余家制造商生产了超过3000架B.E.2战机，主要服役于爱琴海、北非、中东及法国。

B.E.2 性能参数

机　　型：	双座侦察机，轻型轰炸机
动力装置：	67千瓦皇家空军1α 8气缸气冷直列式发动机
最大速度：	海平面速率138千米/小时
爬升率：	爬升1066米需10分钟
实用升限：	3050米
重　　量：	空重621千克；载重1077千克
武器装备：	7.7毫米口径可教练机枪一挺，可加载100千克炸弹或火箭炮
外形尺寸：	翼展 11.3米
	机长 8.3米
	机高 3.4米
	机翼面积 34.47平方米

下图：在第一次世界大战期间，布莱克本（Blackburn）是其中几家建造超过3000架B.E.2飞机的公司之一。

下图：由丹尼（Denny）和兄弟（Brothers）在苏格兰的敦巴顿（Dumbarton）建造，这架B.E.2e飞机由澳大利亚昆达士航空公司（Australian airline QANTAS）来飞行。

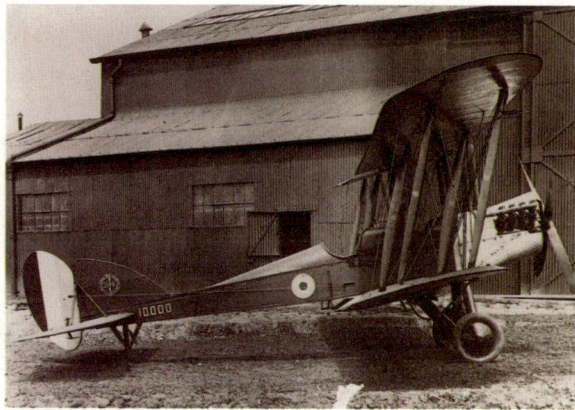

第一次世界大战期间皇家飞机制造厂设计的机型

■F.E.2b：1915年于法国开始服役，暂时解决了之前机型缺乏前喷射武器装备的问题。

■R.E.7：1916年引进，但后被认为不适合作为侦察机服役，最后成为轰炸机，可装载152千克弹药。

■R.E.8：被称为"杜鲁门"号飞机，是B.E.2的全方位升级版，但外形不甚美观。

■S.E.5：S.E.5及S.E.5A均于1917年进入法国服役，在解决了早期的小问题之后，成为强大的战斗机。

上图：固有稳定性是侦察机的一个重要指标，B.E.2的固有稳定性是该款机型的缺点之一，尤其表现在1915—1916年的"福克式灾难"中。

下图：B.E.2服役于整个第一次世界大战期间，初期作为空中观测机、飞艇拦截机及轻型战斗机服役，直至其脆弱性最终显现，最终成为教练机。

右图：第一次世界大战时期，军机通常在显著的地方涂装有国家标志。如图所示，可以看到飞机两翼下的小圆盘及亮丽涂装色的方向舵标志。飞机序列号标注在垂尾前部。

上图：这架B.E.2飞机上涂装了"印度贵族资助"字样。这类飞机，例如图中所示的飞机，通常由富翁捐资生产。

上图：B.E.12是根据B.E.2的机身设计的单座战斗机。尽管装备了更大的发动机，其机动性仍不容乐观。

上图：与其他战时英国皇家空军战机的命运相同，1918年后，多架B.E.2战机进入了英国民用航空市场。

左图：1915年初期，B.E.2飞机上涂覆了侦察机标志。

右图：皇家空军B.E.2c"塔斯马尼亚"载弹量较小。

67

英国皇家飞机制造厂，F.E.2 战斗轰炸机

F.E.2事实上是F.E.1的改型机，于1911年首飞。1913年，该机型被彻底重新设计并重新生产，成为战争期间第一批F.E.2系列战斗机。

F.E.2b为首批大量生产的机型，它配备有两挺刘易斯机枪，并且于1915年9月开始进入皇家空军第6中队服役。1915年秋天起，该系列机型被法国引进，也就标志着福克Eindekker时期即将结束。

F.E.2b推进式战斗机是1916年皇家飞行军团西线侦察机部队的重要组成部分。

尽管F.E.2b在速度上较其他机型较慢，却被认为是非常好的机炮平台，并采用了119.3千瓦功率较大的比尔德莫发动机。在1917年春季之前，该发动机使该机始终保有绝对竞争力。

该系列其他机型包括F.E.2c夜间轰炸机，该机飞行员及观察员的位置调换，使飞行员能有更好的视野用于夜间着陆。F.E.2d飞机由罗尔斯·罗伊斯"鹰"式发动机驱动。

F.E.2有很好的攻击视野，且能装载数量可观的弹药，因而也被用作昼间及夜间轰炸机。

F.E.2 性能参数

机　　型：双座战斗机，战斗轰炸机
动力装置：119.3千瓦比尔德莫液体冷却直列式发动机
最大速度：147千米/小时
初始爬升率：爬升至3048米需39分44秒
续航时间：3小时
实用升限：3353米
重　　量：空重935千克，最大起飞重量1378千克
武器装备：7.7毫米口径刘易斯机枪一或两挺；外挂弹药235千克
外形尺寸：翼展 14.55米
　　　　　机长 9.83米
　　　　　机高 3.85米
　　　　　机翼面积 45.89平方米

左图：F.E.2b执行夜间轰炸任务。该机以全副武装正在准备下一个飞行架次。

上图：图中这架由威尔公司生产的F.E.2b用于实验，主要任务是作为夜间本土防御用的航空探照灯。两个由发电机作电源的探照灯分别安装，并与两挺里维斯7.7毫米口径机枪连接在一起。

上图：F.E.2d上装载了更强大的罗尔斯·罗伊斯Eagle发动机。

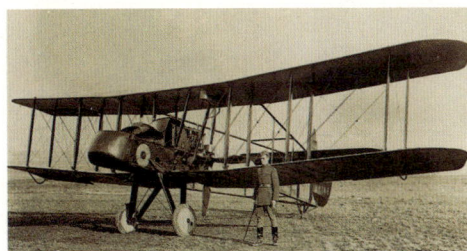

上图：由于除去了前方发动机及螺旋桨的遮挡，飞行员及观察员能够有更好更全面的视野。尽管飞机的性能并非十分优异，其仍被认为优于福克的Eindekker飞机。

推进式活塞发动机战斗机

■爱克公司DH.1：德·哈维兰加入爱克后的首个设计，该机为双座侦察战斗机，服役至1917年。

■皇家飞机制造厂F.E.8：1916年，超过180架F.E.8于皇家空军军团服役，但很快被取代。

■维克F.B.5：该款双翼飞机仅用作战斗机，于1915年开始服役。

■维克161：1929年，英国航空部试验装载37毫米C.O.W机枪的机型。1913年该机首飞。

右图：F.E.2b的飞行员坐在后舱而观察员机炮手坐在前舱。观察员前舱或座舱梁间配备有刘易斯机枪一挺，观察员可起立并面朝后方开火。

英国皇家飞机制造厂，R.E.8 轰炸机

1916年中期，R.E.8原型机在法国试飞成功之后，收到了大批订单。R.E代表侦察试验机的意思，但事实上，该机型被用于执行许多不同的任务，包括火炮侦察、低空轰炸、轻型轰炸及为军队空投补给品。

1916年11月，首支配备该机型的空军中队到达西部战线。截至1917年年底，共有18支中队到达。早期机型很容易进入尾旋，之后改进的大垂尾克服了这一缺点。

超过2000架R.E.8飞机在法国服役，另300架服役于中东。该机在巴勒斯坦击溃了土耳其空军，并在美索不达米亚为军队空投补给。意大利、俄罗斯及比利时也引进了该机型。

尽管截至1918年，共有19支空军中队引进了R.E.8，但在战争结束之后，该机还是很快被淘汰。虽然该机很容易成为德国战斗机的攻击目标，但由于其较大的生产量，仍成为当时的标准战机。第一次世界大战期间，R.E.8共制造4000架。

R.E.8 性能参数

机　型:	侦察机，轰炸机
动力装置:	112千瓦皇家空军4a气冷V-12活塞发动机
最大速度:	在1980米高空的速度为164千米/小时
续航时间:	4小时15分
实用升限:	4115米
重　量:	空重717千克；最大起飞重量1301千克
武器装备:	7.7毫米口径机枪2~3挺；载弹量116千克，其中可携带51千克炸弹2枚/29千克炸弹4枚/9千克炸弹8枚
外形尺寸:	翼展　12.98米
	机长　8.5米
	机高　3.47米
	机翼面积　35.07平方米

左图：这一未加载武器装备的R.E.8被称作"喷火"战机，服役于英国空军35中队。

上图：在友军的包围下，这架皇家空军第9中队的战机在与敌军交战中被敌军炮火击中或发动机故障后，不幸坠落。

在巴勒斯坦上空的军用飞机

■ "信天翁" C.III：1917年为西线最好机型，该侦察机后被派至巴勒斯坦服役。

■ 德·哈维兰 DH.2：皇家陆军航空队首架真正意义上的单座战斗机，配备有推动式发动机的DH.2为1916年派送至巴勒斯坦的多种机型之一。

■ 皇家空军 B.E.2：作为R.E.8的前辈，B.E.2为1915年在中东服役的第一批英国战机。

■ 鲁姆普勒航空公司 C.IV：1917年，部分C.IV侦察机被派至巴勒斯坦，用以侦察土耳其的炮兵部队。

上图：作为皇家空军侦察机使用最普遍的机型，R.E.8仅被一个盟军国家引进。1917年7月，比利时引进了22架，并在10个月后被新机型取代。

上图：图为1917年春天，隶属于空军34中队的R.E.8正在修理。

左图：标准R.E.8配备有气冷12缸皇家飞机制造厂112千瓦4a发动机，并带有4叶片螺旋桨。少数机型配备有149千瓦皇家空军4d发动机，另有一些配有希斯巴诺-苏莎动力装置。

71

◆该款飞机的设计有一个有趣的双关现象,R.E.8又被戏称为"Harry Tate",是以当时英国音乐厅的一名喜剧演员的名字命名的。

◆共有两架R.E.8得以保留下来,其中一架收藏于达克斯福德的帝国战争博物馆。

◆在伊普尔战役中,R.E.8作为轰炸机服役。

◆在两架原型机出现之后,4430架R.E.8被订购;到1918年末期,该机已经交付了4077架,其余订单均被取消。

◆1917年8月,皇家空军R.E.8击落了若干架德国单座飞机。

◆由于发动机短缺,计划为R.E.8配备罗尔斯·罗伊斯Eagle发动机的计划搁浅。

上图:由于B.E系列双座战机被取代,因而新型R.E.8的出现被认为能够改进皇家空军侦察机联队及其飞行人员的力量。然而,结果并不尽如人意,损失仍十分惨重。

上图:Lamberhurst为位于考文垂的西德利公司生产的一架R.E.8后期生产型飞机。除皇家飞机制造厂外,还有5家公司在生产R.E.8。

上图:相较B.E.2,B.E.8的武器配备更加精良。其配备有前射威克斯机枪及后置刘易斯机枪。

上图:R.E.8在第一次世界大战期间服役于西部前线、中东及意大利。图为皇家空军63中队在米索不达米亚执行任务并服役至1920年。

英国皇家飞机制造厂，S.E.5A 战斗机

S.E.5是第一次世界大战时期的经典战斗机之一。尽管该机在操纵性上略逊于索普维斯"骆驼"，但在速度上却享有优势。在1917年4月到达法国前线开始服役。S.E.5后被证明是当时最强战机德国"信天翁"的有力对手。

改进型S.E.5A遭遇了一系列问题，包括发动机动力不足等问题，但在问题解决之后，则扬威战场，以其较快的速度和极其稳定的机炮平台而著称。S.E.5由英国及联邦最优秀的王牌飞行员驾驶，并进入美国远征军服役。

S.E.5A 性能参数

机　　型：单座战斗机
动力装置：149千瓦希斯巴诺-苏莎V-8活塞式发动机
最大速度：218千米/小时
续 航 力：2.5小时
实用升限：6705米
重　　量：空重635千克；载重887千克
武器装备：前射同步7.7毫米口径机枪一挺。维克斯机枪及刘易斯7.7毫米口径机枪安装在上翼中央区域；载弹18.6千克
外形尺寸：翼展　8.12米
　　　　　机长　6.38米
　　　　　机高　2.9米
　　　　　机翼面积　22.67平方米

上图：尽管S.E.5A算不上当时最好的战斗机，但其在速度上还是保有一定优势。这点备受王牌飞行员的青睐，许多飞行员都驾驶该机尾随目标进行攻击。

上图：这一完美无瑕的S.E.5A战机是英格兰老监狱公园沙特尔沃思收藏系列之一，是最早一批仍在飞行的几架战机之一。

驾驶过S.E.5飞机的王牌飞行员

■阿尔伯特·鲍尔：
英国首个王牌飞行员。1917年鲍尔从纽波特转为驾驶S.E.5，在他44次成功作战记录中，34次产生于此。鲍尔是一位宗教人士，1917年5月7日失踪。他的死亡原因至今仍是谜团，一些专家认为他是被里希特霍芬击落坠亡的。

■詹姆斯·迈卡登：
詹姆斯·迈卡登之前为飞机修理工，1916年成为飞行员。1917年服役于著名的空军56中队，驾驶S.E.5，并大获成功。和鲍尔一样，迈卡登也是个性格孤僻的人，喜欢在无人陪同的情况下尾随敌军。迈卡登在一场事故中牺牲，其成功作战记录为57次。

■爱德华·马诺克：
尽管一只眼睛失明，马诺克仍于1916年转至皇家飞行军团服役。作为一名无情的领导者，马诺克必须确保他的飞行员接受最好的作战训练。1918年7月，马诺克被地面火力击中，其成功作战记录为73次，这是英国飞行员保有的最好纪录。马诺克的尸体一直未被找到。

上图：S.E.5A驾驶操作简单易行，避免了更敏捷侦察机的操纵恶习。这点对于当时飞行员频频遇难的空战地区非常重要。

上图：美国飞行员驾驶着S.E.5以及各种法国飞机。他们与盟军一样，经受着巨大的损失率。

右图：S.E.5A的不同之处在于其只配备了一挺固定式前射机枪。刘易斯机枪安装在发动机上方右舷边，可透过螺旋桨旋转平面射击。

◆1917年3月，S.E.5进入西线服役，6月S.E.5A开始服役。

◆王牌飞行员马诺克的73次空战胜利中，近50次是驾驶S.E.5A所取得。

◆艾略特·斯普林成为首位驾驶S.E.5侦察机的美国王牌飞行员。

◆S.E.5非常坚固，一名飞行员驾驶其穿过房屋的一侧竟未受损。

◆截至1918年，S.E.5A已服役于21支英国空军中队及2支美国空军中队。

◆S.E.5及S.E.5A的总产量为5205架。

上图：图为空军中队展示其最新机型。S.E.5绝对是一款值得骄傲的机型，1917年底，它与索普维斯"骆驼"一同为盟军夺回了制空优势。

左图一名飞行员在自豪地记录成功袭击的数量。S.E.5为盟军提供了一款能够对抗德国最好战机的优秀战斗机。

左图：所有皇家陆军航空队的飞机上都带有明显的国家标志，但与第二次世界大战时的战机一样，它们仍会受到"友军"地面部队的攻击。

上图：尽管看起来做工精致，上图所示两架S.E.5A实为复制品。这两架飞机在20世纪70年代服役于加拿大和美国。

费尔雷公司，费尔雷 III 系列飞机

以英国皇家海军航空队的N10水上飞机原型机为设计基础，费尔雷III系列飞机应运而生，包括IIIC、IIID、IIIF，而它们之间的机型被海军航空兵和英国皇家空军的兵种使用了23年以上。尽管最初定位为轰炸机、水雷定点侦察机，费尔雷III系列逐渐发展为皇家海军多用途飞机，包括岸基飞机与舰载飞机。

IIIC结合了IIIB水上轰炸机与IIIA舰载侦察机二者的特点，于第一次世界大战末期问世。由于出现时间较晚，因此并未在第一次世界大战中留下太多战绩，仅有少数IIC随驻扎于阿尔汉格尔（Archangel）地区的英国北俄罗斯远征军参与了轰炸行动。包括由IIIB改造而来的飞机，IIIC总产量为36架。

1920年，首架IIID问世，另一款由IIIC发展而来的IIID轰炸/侦察机作为陆上飞机与舰载飞机在海外战场广泛使用。至1926年，其总产量达207架，主要服役于英国皇家空军、皇家海军航空队及葡萄牙、澳大利亚等其他国家的军队。

IIIF是费尔雷III系列中最广为人知的机型，亦是两次世界大战间产量最多的英国军用机，甚至超过霍克"雄鹿"（Hart）改型机产量。1927年，IIIF作为两座多用途飞机装备英国皇家空军前往埃及服役。作为该机型最主要的使用者，舰队航空兵共装备330余架IIIF三座侦察机。IIIF角色多变，不仅可作为陆上飞机，亦可作为舰载水上飞机。

IIIF Mk IV 性能参数

机　　型：两座多用途飞机
动力装置：339千瓦纳皮尔"狮"式XIA液冷发动机一台
最大速度：3084米高空193千米/小时
初始爬升率：爬升至1524米高空需6分钟
航　　程：364公升汽油644千米；1077公升汽油零载弹量2446千米
重　　量：空重1764千克，载重2741千克
武器装备：维克斯7.7毫米机枪一挺，刘易斯7.7毫米机枪一挺，载弹量227千克
外形尺寸：翼展　13.94米
　　　　　机长　11.20米
　　　　　机高　4.42米
　　　　　机翼面积　40.8平方米

上图：1926年，英国皇家空军进行了一次远距离编队飞行，名为"好望角飞行"（Cape Flight），意为让英国国旗飘扬在南非上空。图中编号为S1105的飞机即为其中一架。

第二次世界大战前的费尔雷飞机

■ 坎帕尼亚（Campania）：该机型是首架专为船舰设计的水上飞机，是费尔雷公司的第二件作品。1917年，首架飞机在意大利坎帕尼亚从一架改装轮船上起飞。

■ "小鹿"（FAWN）：该机型为"针尾鸭"（Pintail）水陆两用机的衍生机种，是英国皇家空军战后使用的首架轻型轰炸机，取代了DH.9A。该机总产量为70架。

■ "食虫鸟"（flycatcher）：该机型尽管外形笨拙但操作性能佳，因此备受舰队航空兵飞行员欢迎。1922–1930年，包括水陆两用机在内其总产量为195架。

■ 亨登（Hendon）：亨登夜间轰炸机为全金属结构，机翼为悬臂翼，在当时已极为先进。1931年，亨登首飞，总产量为14架，全部装备英国皇家空军。

上图：作为20世纪20–30年代英国最著名的军用飞机之一，费尔雷III曾作为陆海两用机服役于英国皇家空军与舰队航空兵。该系列飞机多在海外服役，包括中东、远东、非洲等。IIIF衍生机在14年的服役生涯中曾担任多种角色。

上图：隶属于舰队航空兵第481中队的费尔雷IID水上飞机驻扎于马耳他，在海岛附近执行海上搜索任务。1929年该飞行队改编为英国皇家空军第202飞行中队，装备IIIF飞行艇。

右图：澳大利亚IIID动力装置为一台280千瓦罗尔斯·罗伊斯"鹰"式VIII 12缸液冷发动机。其驱动一副双叶、固定桨距、木质螺旋桨。

费尔雷公司，"大青花鱼"轰炸机

1937年，英国军方寻找新的机型取代"剑鱼"，"大青花鱼"是费尔雷公司提交的候选方案之一。由于舰队航空兵对海上单翼机的需求量不能肯定，因此最终还是选择了比"剑鱼"并没有先进多少的机型。

1938-1943年，"大青花鱼"总产量为800架。"大青花鱼"首次出海作战是作为"可畏"号航母的舰载飞机。1942年遭遇德军"提尔皮茨"号战舰后与对方展开了激烈的战斗，但最终毫无战果。

1942年，舰队航空兵重新起用"梭鱼"，因此在英国本土服役的"大青花鱼"以及随英国皇家空军驻扎比利时的几架飞机都转而负责英吉利海峡巡航防卫。被派往北非的"大青花鱼"则负责巡航地中海地区，并为英国皇家空军执行轰炸与目标标定任务。

截至1945年，仍有9个舰队航空兵飞行中队装备费尔雷公司的"剑鱼"。"剑鱼"虽然设计过时，但依然可靠，

然而"大青花鱼"的改进并不明显。但就陆基起飞而言，"大青花鱼"则十分有用。

上图：1940年年末，"苹果核"（Applecore）作为护航机搭载在开往开普敦的"可畏"号（HMS Formidable）航空母舰上，首次出海参战。

左图：尽管具有俯冲平稳、能在布雷后迅速恢复的优点，但"大青花鱼"在试飞中的操纵性能评价并不高。

费尔雷的舰载军用机

■ "剑鱼"：又称"网线兜"（stringbag），为鱼雷轰炸机，1934年首飞。尽管表现不尽如人意，但仍优于其替代者"大青花鱼"。

■ "管鼻燕"（Fulmar）：该机型为费尔雷公司继"食虫鸟"后为舰队航空兵设计的又一舰载军用机，于1940年开始服役。与单座机相比，该机型速度较慢，令人遗憾。

■ "梭鱼"：该机型使用范围相当广泛，包括鱼雷侦察、俯冲轰炸等。自1943年起正式参加战斗，1944年对德国"提尔皮茨"号战舰发动攻击。

■ "萤火虫"（firefly）：1943年进入皇家海军航空兵中队服役，安装罗尔斯·罗伊斯"鹰狮"（griffon）发动机与机炮。该机型最初作为战斗侦察机参与作战，后来承担攻击任务。

上图："大青花鱼"过时的设计导致其并未能够完全取代"剑鱼"。最后一架在英国皇家空军飞行中队服役的"大青花鱼"于1945年1月退役。

上图：在地中海地区服役的"大青花鱼"在西部沙漠执行轰炸任务或为皇家空军轰炸机标定目标。

右图："大青花鱼"的防御武器为两挺维克斯K型机枪。一挺位于右翼，前向防卫；另一挺位于驾驶舱后部。

上图：尽管飞行员视野极佳，但驾驶员座舱夏季闷热，冬季漏风寒冷。

上图：1940年6月至1941年6月，"大青花鱼"装备第829飞行中队，随"卓越"号航母出海作战。

上图："大青花鱼"的主要对舰武器为一枚730千克的鱼雷，有时亦采用炸弹或深水炸弹。

上图：最后一架在加拿大皇家空军第415飞行中队服役的"大青花鱼"，后编入英国皇家空军第119飞行中队。图中两架"大青花鱼"正在英吉利海峡与北海执行夜间反潜突袭任务。

费尔雷公司，"食虫鸟"战斗机

人们常这样描述费尔雷公司20世纪20年代推出的"食虫鸟"舰载战斗机。"食虫鸟"外形古怪，机身中部下凹，优缺点不一而足。尽管飞行速度并非最快，但其机动性高，既可安装机轮在陆地使用，亦可安装浮筒作为水上飞机执行任务。

1923年，英国舰队与空军的合作战果累累，"食虫鸟"便是功臣之一。尽管外形奇特，但飞行员无不交口称赞。"食虫鸟"短小的机翼使其能够在航母升降机上升下降时不必收起机翼。除可替换着陆装置水陆两用外，其机身可随意拆卸，每个拆卸部分不超过4米长。

尽管并非最优秀的军用机，但"食虫鸟"在战场上表现优异，足以与同时代的多数战斗机媲美。"食虫鸟"为用织物蒙皮的木质金属混合结构，具有反应性好、机身坚固等优点，因此在飞行员中大受欢迎。

"食虫鸟"Mk 性能参数

机　　型：单座舰载战斗机
动力装置：298千瓦阿姆斯特朗西德利"美洲虎"III 或"美洲虎"IV 14缸星形发动机一台
最大速度：214千米/小时
初始爬升率：372米/分钟
航　　程：500千米
实用升限：5790米
武器装备：机身处2挺维克斯7.7毫米固定式前射机枪；机翼下挂载4枚9千克炸弹
重　　量：空重921.69千克；最大起飞重量1368.94千克
外形尺寸：翼展　8.84米
　　　　　机长　7.01米
　　　　　机高　3.66米
　　　　　机翼面积　26.76平方米

下图：在某些主甲板下方设有前开机库的航母上，"食虫鸟"可直接从船头起飞。

上图：20世纪20年代，皇家海军的部署遍布全球，因此从马耳他到香港均可得见"食虫鸟"的身影。

两次世界大战间隙的费尔雷飞机

■ "萤火虫"：在英国皇家空军的招标中，费尔雷自筹资金生产的"萤火虫"战斗机与霍克"狂怒"（Fury）战斗机共同竞标。

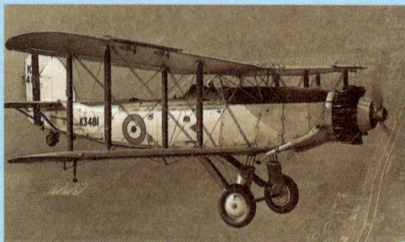

■ "海豹"（Seal）：即英国皇家空军的费尔雷戈登（Gordon），是一款配有武器装备的舰载侦察机。

■ "狐狸"（FOX）：20世纪20年代中期，费尔雷"狐狸"昼间轰炸机进入英国皇家空军服役，速度超过当时所有的战斗机，仅有28架交付使用。

■ "白鼬"（FERRET）：费尔雷首架全金属结构飞机，本欲为舰队航空兵使用。尽管其外形优美，军方最终并未订购该型号。

上图：舰载飞机从母舰起降历来都是一大难题，夜间起降更是难上加难。然而，1929年，费尔雷"食虫鸟"首次于夜间成功着陆航空母舰。

上图："食虫鸟"是英国皇家海军1924-1932年间唯一的舰载战斗机，亦是其十多年的标配战斗机。图为一架"食虫鸟"正从皇家海军航母起飞。

右图：独特的垂直安定面形状是"食虫鸟"的一大标志。水上"食虫鸟"通常垂直安定面与方向舵较高，使飞机在飞行中可保持平稳。

费尔雷公司，"狐狸"轰炸机

英国皇家空军1925年装备的"狐狸"Mk I是当时世界上最快的昼间轰炸机，其飞行速度甚至快过当时多数战斗机，这主要归功于强劲的美国发动机。

1925年1月3日，"狐狸"原型机进行首飞，试飞员称这是他飞过的最易操纵、最坚固的飞机。"狐狸"是费尔雷公司自筹资金研制的一款轰炸机，它改变了英国皇家空军对性能等级及规格要求的传统观点。

由于英国皇家空军当时资金困难，仅装备了23架"狐狸"飞机。比利时是"狐狸"轰炸机的最大买家，费尔雷公司甚至专门在哥斯利（Gosselies）为生产这款飞机建立了生产线。

"狐狸"Mk IA 性能参数

机　　型：双座昼间轰炸机
动力装置：385千瓦寇蒂斯D-12液冷活塞发动机
最大速度：海平面速率251千米/小时，3048米高空246千米/小时
初始爬升率：爬升至610米高空需1.8分钟
航　　程：以209千米/小时速度可飞行805千米
实用升限：5182米
重　　量：空重1183千克；载重1892千克
武器装备：维克斯7.7毫米前射机枪一挺，后驾驶舱刘易斯7.7毫米机枪一挺，载弹量209千克
外形尺寸：翼展　11.48米
　　　　　机长　8.61米
　　　　　机高　3.25米
　　　　　机翼面积　30.1平方米

上图：费尔雷公司为秘鲁制造了安装浮筒起落架的"狐狸"Mk IV，并于1933年从伦敦码头运往秘鲁。

左图：最后4架Mk I将发动机替换为罗尔斯·罗伊斯F.XIIA发动机（即"隼"式IIA）并更名为Mk IA。其余安装寇蒂斯发动机的Mk I也重新替换了动力装置。

上图："狐狸"的超快飞行速度主要归功于流线型机身、较小的正面面积以及强劲的寇蒂斯（Curtiss）D-12发动机。尽管"狐狸"表现优异，但注定只能装备一个飞行队。

上图：最初12架比利时"狐狸"Mk II均在英国生产，其中一架参加了1932年的国际奥林匹斯飞行大赛（International Circuit of the Alps）并摘得桂冠，平均飞行速度为258千米/小时。

右图：为彰显与费尔雷"狐狸"的关系，第12飞行中队决定在队徽中增加狐狸头像，与中队座右铭"一马当先"（Leads the Field）融为一体。时至今日，该中队依然在使用该队徽。

两次世界大战间隙的英国皇家空军昼间轰炸机

■德·哈维兰 DH.9A：该机型于1918年起在英国皇家空军服役，为皇家空军本土使用的标准轰炸机，后被"小鹿"取代。

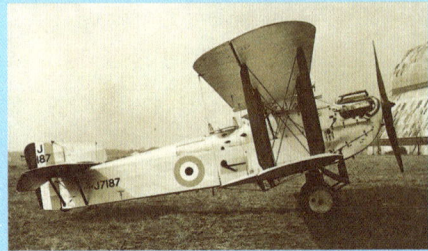

■费尔雷"小鹿"：英国皇家空军首款新型轰炸机。1924年投入生产，最高时速可达183千米/小时。

■霍克"雄鹿"：取代"狐狸"Mk I，于1930年进入英国皇家空军服役，时速为296千米/小时，部分服役至1939年。

■霍克"雌鹿"：由"雄鹿"改进而来，是一款过渡机型。20世纪30年代后期被"战场"（Battle）与"布伦海姆"（Blenheim）取代。

费尔雷公司，"萤火虫"战斗轰炸机

"萤火虫"飞机的原型机于1941年12月22日首飞，英国海军航空兵于1942年订购了200架F.Mk I型飞机。在1943年至1946年间，共生产了850架Mk I型飞机，其中包括由通用飞机公司生产的一批飞机。

跟随F.Mk I型飞机之后进入服役的FR.Mk I型战斗侦察机安装有美国的ASH空对海面舰船雷达（改造成FR标准的F.Mk I型飞机也都被称作F.Mk IA型）。而Mk II型"萤火虫"飞机是37架NF.Mk II夜间战斗机，该机安装有AL.Mk X雷达。当决定改造FR.Mk I型飞机以担负同样的任务时（即作为带有改进型ASH雷达的NF.Mk I飞机），Mk II型飞机的进一步生产计划就被取消了。

Mk I型飞机于1944年7月首次参与作战行动，当时来自英国皇家海军"不倦"号航空母舰上的第1770中队的飞机，在对德国"提尔皮茨"号战列舰的袭击中攻击了敌舰炮位和其他辅助舰船。在远东地区，英国海军航空队的"萤火虫"飞机在1945年1月攻击了位于苏门答腊岛的日本炼油厂。三个"萤火虫"飞机中队在加入英国太平洋舰队后，于1945年6月参加了对加罗林群岛的袭击行动。

F.Mk I型 性能参数

类　　型：	双座侦察战斗机和战斗机/轰炸机
发 动 机：	1台1290千瓦的劳斯莱斯"狮鹫"IIB活塞式发动机
最大航速：	在4265米高度时为509千米/小时
航　　程：	2092千米
实用升限：	8535米
重　　量：	空机重4423千克；最大起飞重量6359千克
武　　器：	机翼上有4门20毫米"伊斯帕诺"航炮，在机翼吊架上还储备有8枚27千克火箭弹或2枚454千克炸弹
外形尺寸：	翼展　13.56米
	机长　11.46米
	机高　4.14米
	机翼面积　30.47平方米

上图：这架"萤火虫"飞机上显示有较大的白色和蓝色的太平洋战区标志，该机在第二次世界大战临近结束阶段启程担负搜寻日本海面舰只的任务。

左图：F.Mk I型"萤火虫"飞机在其机鼻下的吊舱内装备美国ASH雷达，成为FR.Mk I型飞机。"萤火虫"夜间战斗机在使用了一个改进的同型雷达后，被命名为NF.Mk I型。NF.Mk I型飞机是一种改装飞机，与为特定目的而建造的NF.Mk II型飞机不同。

英国海军航空队的战斗侦察机类型

■费尔雷"舰队之翼":1926年,英国海军航空队需要一种具有战斗机能力的观测侦察机。而唯一的一架"舰队之翼"(N235)飞机就是为此而制造的几架样机之一,未能获得订购,它在与"鱼鹰"飞机的竞争中失败。

■霍克"鱼鹰":这是英国皇家空军"雄鹿"轰炸机的舰载衍生机型,于1932年服役。有一批安装了浮舟体。1933年单座"猎人"飞机加入战斗侦察机队(由"复仇女神"飞机衍生而来)。"猎人"飞机于1939年退役。

■费尔雷"管鼻鹱":该机是"萤火虫"飞机的前型,作为英国海军航空队的第一种8挺机枪式战斗机于1940年服役,几乎参加了整场战争,其舰载机型也被用作岸基夜间战斗机。速度较慢是该机的一个缺点。

上图:NF.Mk II型"萤火虫"飞机装备有一个庞大的AI.Mk X雷达,为了保持飞机重心不变要做一个加长的前方机身。

上图:正在试飞的Mk I型"萤火虫"飞机在机身下表面涂有明亮的黄色。与后期的飞机相比,它有一些轻微的差别,包括不好用的航炮和驾驶员座舱舱盖较低的外形。

右图:"萤火虫"飞机的原型机和早期生产的飞机,都可从它们较为浅短的挡风玻璃和狭窄的驾驶员座舱识别出来。而后来的飞机,就像这架一样具有较大的驾驶员座舱和较开阔的视野。

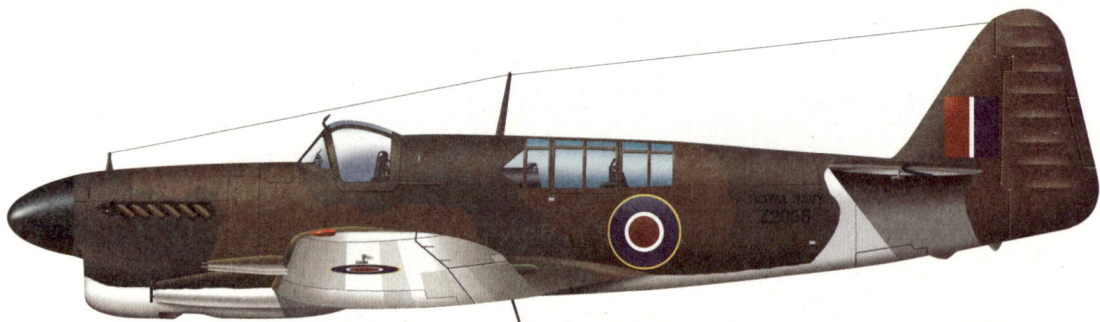

费尔雷公司，"管鼻燕"战斗机

"管鼻燕"Mk I飞机于1940年进入现役，它很快就参加了保护至关重要的补给船队增援马其他岛的行动。在1940年秋天，来自第806中队的"管鼻燕"飞机特别繁忙，在向著名的塔兰托"剑鱼"袭击提供掩护的行动中，它们击落了10架意大利轰炸机，同时还击落了6架敌军战斗机。

除了承担战斗机的职责之外，"管鼻燕"飞机还担负舰队的侦察任务，最著名的就是对德国"俾斯麦"号战列舰的侦察行动。许多后来的动力更强的Mk II型飞机都被改进成为夜间战斗机。

"管鼻燕"飞机的动力不足，机动性和爬升率都很一般，很容易就成为经验丰富的敌军战斗机飞行员的猎物。然而，它拥有重型武器装备和坚固的结构。

F.Mk I型 性能参数

类　　　型：双座舰载战斗机
发 动 机：1台805千瓦的劳斯莱斯"默林"VIII型
　　　　　12缸V形活塞发动机
最大航速：在2745米高度时为398千米/小时
巡逻续航时间：4小时
初始爬升率：366米/分钟
实用升限：6555米
重　　　量：空机重3955千克；最大起飞重量4853
　　　　　千克
武　　　器：机翼上有8挺7.7毫米机枪
外形尺寸：翼展　14.14米
　　　　　机长　12.24米
　　　　　机高　4.27米
　　　　　机翼面积　31.77平方米

下图："管鼻燕"飞机由最终被取消的P.4/34轻型轰炸机项目发展而来，它使得英国皇家海军在20世纪30年代末期终于拥有了一种现代化的单翼战斗机。

上图："管鼻燕"飞机是英国海军航空队1940—1942年间最好的战斗机，该机具有良好的航程和火力，但缺乏单座战斗机的速度和灵活性。

英国皇家海军中采用"默林"发动机的飞机

■霍克"海飓风":最初是在具有弹射飞机功能的商船上使用,后来在常规航空母舰上服役。

■超级马林"海火":该机于1942年进入服役,它是一种优秀的海军战斗机,但其难以操控的降落也是出了名的。

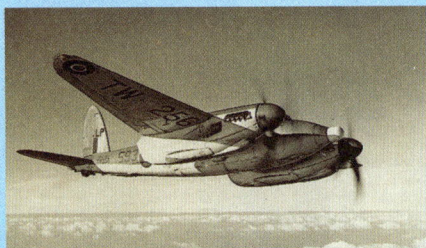

■德·哈维兰"海蚊子":"海蚊子"TR.Mk 33型飞机也是一种陆基飞机的改进型,它被用作舰载或陆基远程打击飞机。

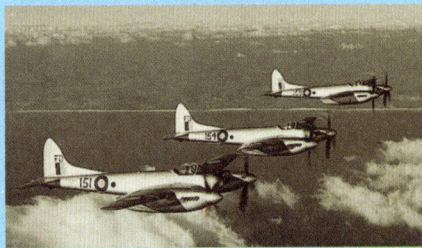

■德·哈维兰"海黄蜂":该机是生产的"大黄蜂"飞机中唯一的一种双座型飞机,它是英国海军航空队1949—1954年间的标准舰载战斗机。

上图:"管鼻鹱"飞机在英国皇家海军地中海的航空母舰上度过了其大半的服役周期,它在对意大利和德国作战中取得了显著的成功。

上图:"管鼻鹱"飞机具有极长的续航时间,被用作舰载侦察机。1941年,它成功地找到并追踪了德国"俾斯麦"号战列舰。

右图:与成功的"喷火"和"飓风"战斗机一样,"管鼻鹱"飞机也安装了劳斯莱斯"默林"发动机。Mk II型飞机更是换装了动力更强大的"默林"30发动机。

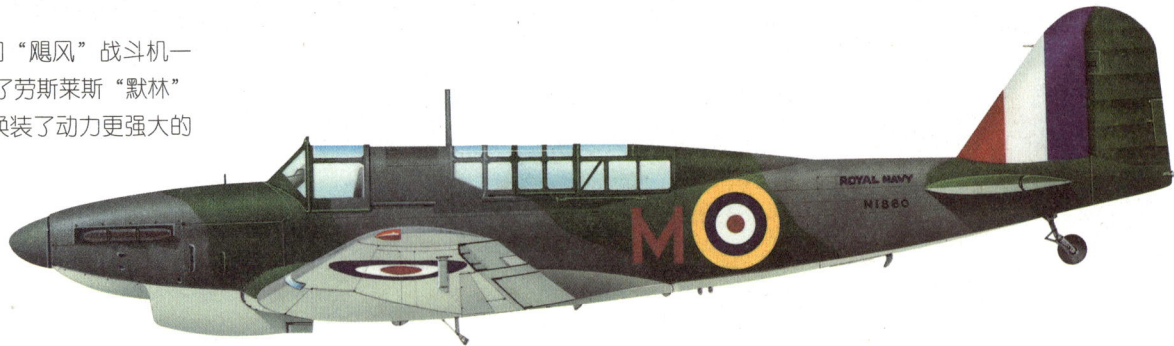

档案

◆ 首批两架"管鼻燕"原型机于1937年1月3日完成了首飞。

◆ 大约有100架"管鼻燕"飞机被改造成夜间战斗机，但仅获得了很有限的成功。

◆ "管鼻燕"飞机曾参与了从商船进行的弹射起飞试验。

◆ "管鼻燕"飞机总共随同20个中队、8个航空母舰舰队和5艘护航航空母舰服役。

◆ 首架"管鼻燕"原型机保存在英国海军航空队博物馆内。

◆ 最后一批生产的600架"管鼻燕"飞机于1943年2月被交付给海军航空队。

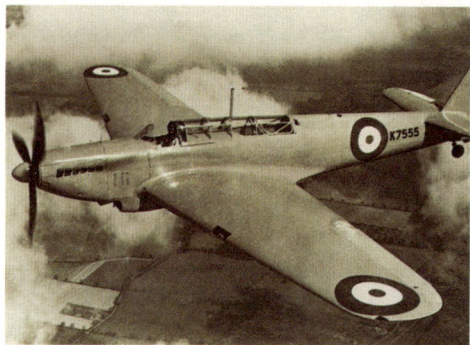

上图："管鼻燕"飞机是从P.4/34昼间轰炸机项目发展而成的，该项目于1936年被取消。

左图："管鼻燕"飞机在低速飞行时，其方向舵和升降舵的可控性较差，这使得它在航空母舰上降落时很困难。该机在起飞时还有机体略向左偏航的缺点。

右图：1942年8月，英国皇家海军"胜利"号航空母舰上的"管鼻燕"飞机保护着14艘商船为马耳他岛提供了至关重要的补给品。

左图："管鼻燕"飞机安装了大受欢迎的"默林"发动机，对于一种双座飞机而言，该机具有小精灵式的灵活性。照片摄于锡兰。

费尔雷公司，"剑鱼"轰炸机

"剑鱼"飞机1936年进入英国海军航空队服役，作为鱼雷攻击机使用获得巨大成功。"剑鱼"在打击"俾斯麦"号战列舰时也起到了决定性的作用。但到了1942年，"剑鱼"的飞行速度对于所要担负的任务而言简直是太慢了。在对德国"格内森瑙"号和"香霍斯特"号战斗巡洋舰的一次英勇而徒劳的攻击中，6架"剑鱼"飞机中有5架被击落，牺牲的飞行员们被授予维多利亚十字勋章。

1940年11月21日，英国皇家海军"光辉"号航空母舰上的21架"剑鱼"飞机对塔兰托港的意大利舰队进行了猛烈的攻击，共击沉2艘战列舰、1艘巡洋舰和1艘驱逐舰，摧毁了意大利海军。

此后，"剑鱼"依然保持大量生产直到1944年。"剑鱼"飞机还执行了布雷、轰炸和侦察任务，还试验和使用了海军航空队的第一种空对地火箭弹。

上图：从小型的护航航空母舰上起飞的装备了雷达和火箭弹的"剑鱼"飞机是德国潜艇的致命对手。

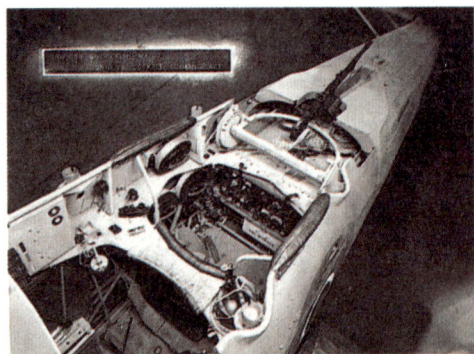

上图：没有座舱盖防护的"剑鱼"飞机的机组人员都暴露在自然环境之下。

第二次世界大战中的鱼雷攻击机

■费尔雷"金枪鱼"：用和"剑鱼"相同的设计升级的飞机，用于取代"剑鱼"。

■中岛B5N"凯特"：第二次世界大战早期最好的鱼雷轰炸机，在珍珠港大获成功。

■道格拉斯TBD"蹂躏者"：比"剑鱼"飞机先进得多，但未能获得巨大成功。

■格鲁曼TBF"复仇者"：是一种既强壮又可承担多种任务的飞机，在1942年6月的中途岛及以后的战斗中大获成功。

上图：满载后的"剑鱼"飞机仅能以180千米/小时的速度飞行。不过它非常稳定而且能够准确地投放鱼雷。

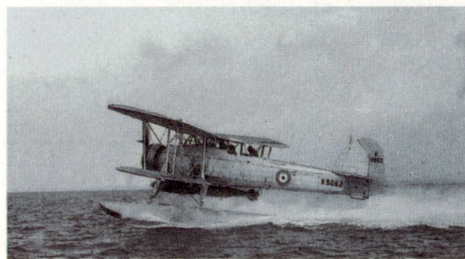

上图：水上飞机版"剑鱼"是一种有效的飞机，但浮舟体的阻力和鱼雷重量，都极大地限制了其速度。

右图："剑鱼"飞机的结构采用翼布做成的外壳，还带有线式拉条，是一种早期过时的设计。但"剑鱼"却惊人地坚固，甚至能够经受火箭助推起飞。

◆ "剑鱼"原型机于1934年4月17日首飞,当时它被称作E.T.S.R II。

◆ 在第二次世界大战爆发时,英国皇家海军的航空兵部队共编有13个"剑鱼"中队。

◆ 在1940年4月13日,有一架"剑鱼"飞机取得了海军航空兵首次摧毁德国潜艇的纪录。

◆ "剑鱼"Mk III型飞机在其主机轮间装备有一部机载雷达扫描器。

◆ 1943—1944年,共制造了2391架"剑鱼"飞机,其中有1699架是由布莱克本工厂制造的。

◆ 最后一支前线"剑鱼"飞机中队于1945年5月21日解散。

上图:"剑鱼"在英国皇家海军的历史飞行展中仍然能够飞行,并且是飞行表演中吸引人的明星。

上图:英国皇家海军"勇敢"号航空母舰上的"剑鱼"飞机正在准备执行反舰攻击任务。面对敌重型舰炮火力在非常近的距离内释放鱼雷,需要有极大的勇气。

左图:"剑鱼"飞机的机组人员完成了战争中最具毁灭性的一些攻击任务,并取得了许多的第一,包括在1940年第一次用鱼雷对位于塔兰托港内的一支舰队进行攻击。

格罗斯特公司，"斗鸡"战斗机

格罗斯特"斗鸡"战斗机是20世纪20年代中期英国皇家空军的最强战斗机，深受飞行员喜爱，并且参与了许多飞行特技表演。尽管外形笨拙臃肿，有时会出现机翼震颤（后期在外翼安装了翼间支柱，解决了这一问题），但这并不妨碍飞行员对它的喜爱。"斗鸡"整体保持了第一次世界大战时期双翼战斗机的经典设计，但发动机功率更大，可与当时多数在役战斗机一较高下。

在其服役生涯中，"斗鸡"不断改进设计提高性能，包括修改了机翼设计，这也引起了英国皇家空军关注者的注意。

格罗斯特为芬兰生产了3架"斗鸡"战斗机，之后芬兰取得生产许可，于1929—1930年间自行生产了15架"斗鸡"战斗机。这些战斗机被命名为"Kukko"，在芬兰语中的意思是"公鸡"，并于1929—1935年在前线战场服役，之后被用作教练机。1941年，芬兰最后一架"斗鸡"战斗机退役。

"斗鸡"Mk I 性能参数

机　　型：单座战斗机

动力装置：317千瓦布里斯托尔"木星"VI 9缸星形发动机一台

最大速度：248千米/小时

航　　程：1160千米

实用升限：6095米

武器装备：7.7毫米维克斯Mk I固定式前射机枪两挺

重　　量：空重873千克；载重1103千克

外形尺寸：翼展 9.07米

　　　　　机长 5.99米

　　　　　机高 2.95米

　　　　　机翼面积 24.53平方米

下图：格罗斯特为芬兰制造了3架"斗鸡"战斗机。芬兰获得生产许可后自行制造了15架"斗鸡"，其中最后一架于1941年退役。

左图：图为曾在英国皇家空军第23飞行中队服役的早期"斗鸡"Mk I。20世纪20年代末，"斗鸡"在空中飞行表演中的出色表现令观众们兴奋不已。

上图："斗鸡"的动力装置为一台布里斯托尔"木星"IV 9缸发动机，功率为317千瓦，驱动一个木制螺旋桨。飞机最大时速为248千米/小时。英国皇家空军装备的所有"斗鸡"飞机均安装这种发动机。

上图：早期式飞暴露出"斗鸡"在高速飞行时机翼存在的问题。为解决这一问题并使飞行更加安全，设计师为"斗鸡"增加了V形翼间支柱。

右图：图中Mk II机身绘有芬兰国家标志。尽管仅有3架Mk II装备了英国皇家空军，但机身均绘有彩色的飞行中队标志。

格罗斯特为英国皇家空军生产的双翼机

■ "鹬鹠"：该机型是格罗斯特为英国皇家空军设计的首款采用星形发动机并批量生产的双翼战斗机。"斗鸡"战斗机在此款机型基础上改进而来。

■ "雄赤松鸡"（GORCOCK）：1927年，三架"雄赤松鸡"下线，用于飞行试验，为战斗机之后的发展做出了贡献。

■ "长手套"：大量"长手套"战斗机在英国皇家空军服役，表现优秀，并出口多个国家。

■ "角斗士"：由"长手套"改进而来，是英国皇家空军最后一款双翼战斗机，发动机功率为619千瓦，驾驶员座舱为封闭式。

格罗斯特公司，“角斗士”战斗机

1933年，当格罗斯特提出将“长手套”飞机发展为“角斗士”飞机的计划时，双翼战斗机几乎已经消亡，但英国由于迫切需要作战飞机，最终订购了581架。其中包括350架“角斗士”Mk II型飞机。Mk II飞机进行了改进，并用三桨叶金属螺旋桨取代了“角斗士”Mk I型的双桨叶木制螺旋桨。所有这些飞机都于1940年4月交付，其中有许多投入了作战。

在挪威的唯一一个“角斗士”飞机中队和驻扎在法国的两个中队，在1940年5月和6月的德国入侵期间都几乎被完全消灭。

其他的“角斗士”飞机中队在1939年和1940年曾在北非、希腊和巴勒斯坦作战。许多飞机都是由澳大利亚和南非部队使用，且有少数飞机被转交给埃及和伊拉克。另外有36架该型飞机被提供给中国，这些飞机于1938年投入了对日本的作战之中。

海军“角斗士”衍生型飞机曾装载在“勇敢”号、“鹰”号和“光荣”号航空母舰上服役。意大利于1940年6月加入战争时，有少数几架“角斗士”飞机在马耳他基地。在接下来的几个月中，马耳他岛仅有的用于对付意大利的防御力量就只有4架“角斗士”飞机。

Mk I型 性能参数

类　　型：单座战斗机
发 动 机：1台627千瓦的布里斯托尔“水星”IX空冷星形发动机
最大航速：在4420米高度时为407千米/小时
爬 升 率：9.5分钟升至6095米
航　　程：547千米
实用升限：10060米
重　　量：空机重量1565千克；最大起飞重量2155千克
武　　器：4挺7.7毫米勃朗宁机枪，其中2挺安装在机鼻处，另2挺安装在机翼上
外形尺寸：翼展　9.83米
　　　　　机长　8.36米
　　　　　机高　3.15米
　　　　　机翼面积　30.01平方米

左图：“角斗士”尽管是双翼飞机，但在第二次世界大战早期阶段曾广泛地参与作战行动。

右图：K5200是“角斗士”的原型机。尽管在早期阶段就安装了机枪武器，但该机还未采用封闭式座舱。

遍布欧洲的"角斗士"飞机

■芬兰：这架Sumon Ilmavoimat的"角斗士"Mk II型飞机在20世纪30年代末和40年代初服役。同其他的"角斗士"飞机用户不同，芬兰是作为轴心国盟国使用"角斗士"飞机。

■挪威：在1940年4月期间，这架挪威Haerens Flyvevaben的"角斗士"Mk II型飞机的驻防基地位于奥斯陆附近的Fornebeu。该机安装了滑雪板起落装置。

■葡萄牙：这架"角斗士"Mk II型飞机是第二次世界大战期间葡萄牙空中力量的一个重要部分，它携带有Esquadriha de Caca de Base Aerea 2的标志，1940年该机从葡萄牙Ota起飞执行任务。

上图：1934年9月"角斗士"原型机作为私营投资项目进行首飞。1935年，英国空军订购，一共交付480架。皇家海军则获得60架。

上图：Mk I型飞机在机身和机翼上安装了4挺7.7毫米勃朗宁机枪。

右图：双桨叶木质螺旋桨是早期Mk I型"角斗士"飞机的一个特征，而Mk II型飞机则安装了三桨叶金属螺旋桨。

◆有一个为芬兰人作战的瑞典"角斗士"飞机中队声称仅以损失3架飞机的代价击落了12架苏联飞机。

◆"角斗士"飞机于1937年进入英国皇家空军服役，这一年首架"飓风"飞机也成功交付。

◆英国皇家空军最后的"角斗士"飞机，即气象与联络飞机于1944年服役。

◆在1940年6月初用于防御马耳他的海军"角斗士"飞机，被马耳他人授予了"信心"、"希望"和"仁慈"的称号。

◆海军"角斗士"飞机安装了弹射点、停机钩和救生筏整流装置。

◆早期的Mk I型飞机安装有2挺维克斯和2挺刘易斯7.7毫米机枪。

上图：瑞典和芬兰空军部队在20世纪30年代末期购买的"角斗士"飞机在第二次世界大战早期曾参与作战。

上图：这些互相靠近飞行的"角斗士"飞机正为1938年航展练习，它们代表皇家空军。

上图：从1937年到1940年，有多达20个英国皇家空军中队装备了"角斗士"飞机。

左图：第247中队是最后的"角斗士"飞机部队之一，该中队在普利茅斯上空使用该型飞机一直到1940年末。

上图：最后一架幸存并适航的"角斗士"飞机就是这架Mk I型飞机，它属于英国贝德福德郡的沙特尔沃思收藏馆。它喷涂的是英国皇家空军第247中队在普利茅斯上空进行防御巡逻时所采用的标志色。

97

格罗斯特公司，"流星"战斗机

在英国的第一种喷气式飞机E.28/39证明了喷气式动力的可行性之前，格罗斯特公司就制订了新型喷气式战斗机的计划。其目的是希望这种新型的喷气机能够与德国的Me 262喷气式战斗机相抗衡。而在英国空军据这一计划草拟了技术规范之后，格罗斯特公司便制造出几架原型机，1944年1月22日，"流星"F.Mk 1飞机进行了首飞。该机实际上是一架采用劳斯莱斯W.2B/23C"维兰"发动机（劳斯莱斯公司已经从罗孚公司接管了W.2B发动机的研制工作）的F.9/40飞机，它还在机鼻处安装了4门20毫米航炮。

12架F.Mk 1飞机于1944年7月交付第616中队，在随后的8月份，英国皇家空军取得了皇家空军的首次喷气机射杀战果，当时击落了一枚V-1飞弹。

在1944年12月，第616中队重新装备了改进的F.Mk 3飞机，该中队于1945年转移至荷兰，以便对德国侦察飞行，但从未与梅塞施米特Me 262喷气式飞机相遇。

F.Mk 1型 性能参数

类　　型：单座白天战斗机
发动机：2台7.56千牛的劳斯莱斯W.2B/23C"维兰"系列涡轮喷气发动机
最大航速：在3048米高度时为675千米/小时
实用升限：12192米
重　　量：空机重3737千克；满载后重6258千克
武　　器：在机鼻处安装有4门"依斯帕诺"20毫米航炮
外形尺寸：翼展　　13.10米
　　　　　机长　　12.50米
　　　　　机高　　3.90米
　　　　　机翼面积　34.70平方米

上图：EE214/G是第5架F.Mk 1飞机，它被用来测试一个腹部的油箱。该机于1949年被废弃。

左图：这架"流星"F.Mk 1飞机于1944年7月配属第616中队，但一个月后就因紧急迫降而毁掉。

早期"流星"飞机衍生型号

■ "流星" F.Mk 3：为了赶在欧洲战争结束前最后数周内服役，第616中队的"流星" F.Mk 3飞机在刺骨的寒冬中都采用了这种全白色的配色方案。

■ "遄达流星"：第8架"流星" F.Mk 1飞机，即EE227，安装了两台劳斯莱斯"遄达"发动机，并完成了80小时的试验。这种发动机是世界上第一种涡轮螺旋桨发动机。

■ "照相机机鼻" Mk 3：在制订战后"流星" Mk 4照相侦察型飞机计划时，格罗斯特公司为EE338号Mk 3飞机安装了一个装在机鼻处的照相机。这一计划后来被取消。

■ "带钩的" F.Mk 3：EE337和EE387号飞机一同安装了一个停机钩，以便在英国皇家海军"怨仇"号航空母舰上进行甲板降落试验。总共进行了32次非常成功的降落。

上图：在F.9/40飞机曾安装的三种发动机中，罗孚W.2B和哈尔福德H.1发动机都是离心流式设计，而大都会–维克斯F.2发动机则采用轴流式压缩机。有一架安装大都会–维克斯发动机的飞机进行了飞行，但很快就坠毁了。

上图：与F.9/40飞机不同，"流星"飞机具有一个视界清晰的座舱，以便使飞行员能够看到其飞机的后部。

右图："流星" F.Mk 3飞机所做的主要改进包括：采用了滑移式的座舱舱盖，增加了燃油携带量，使用新型"德温特"I发动机，使用开槽的减速板并加固了机身。

格罗斯特公司，"标枪"战斗机

冷战中的核威慑要求北约的空军使用安装了雷达的拦截机，以阻止来犯的苏联轰炸机接近易受攻击的西方城市。英国的格罗斯特"标枪"飞机被设计用来执行这项任务，它是世界上第一种双发喷气式飞机，具有三角形机翼的拦截机。"标枪"飞机作为双人远程拦截机，速度较慢而且难以驾驶，但是它的雷达和导弹组合使它成为20世纪50年代最先进的战斗机之一。

在1956年格罗斯特的"标枪"飞机进入服役的时候，它的目标就是在恶劣的天气情况下进行高速空中格斗。

它与夜间的"流星"战斗机或美国的F-94"星火"（Starfire）飞机具有同样的作用，可以进行探测、拦截、辨识和摧毁敌方的轰炸机。"标枪"飞机在纸上是一种完美的设计，具有适于高空性能的三角翼，而且还有高置的尾部，以减小着陆时的接地角。但在现实中，"标枪"飞机的性能一般，而且维护起来犹如梦魇，但是机组成员喜欢它。

"标枪"共有8种改进型飞机，每一种都对它的前任进行了明显的改进。"标枪"飞机服役期超过了10年，护卫执勤一直到1967年才退役。

上图：皇家空军的"标枪"飞机在全天候空中防御计划中承担着重要的作用，其基地位于德国和远东。它们后来被功能更强大的"闪电"飞机替代了。

左图：英国现在依然还有一些"标枪"飞机，但是它们仅作为皇家空军基地的"门卫"。尽管"标枪"飞机性能上的不足贯穿了它整个相对较短的生涯，但它的用户对它的动力、远程和潜在的导弹武器给予了较好的评价。

20 世纪 50 年代的夜间和全天候战斗机

■第一段：道格拉斯（DOUGLAS）的F3D"空中骑士"（SKYNIGHT）：这架为特定目的而设计的两座全天候喷气式舰载机，在朝鲜战争期间首次在夜间进行了喷气式飞机之间的拼杀。

■第二段：诺斯罗普（NORTHROP）F-89"蝎子"（SCORPION）飞机：F-89战斗机是美国空军为特定目的而设计的全天候喷气式飞机，装备有火箭，它在1951年进入服役并一直飞行到20世纪50年代晚些时候。

■第三段：阿芙罗（AVRO）CF-100：CF-100飞机是第一种在加拿大设计和制造的格斗式喷气机，在1952年进入服役。它是第一个直机翼式战斗机，能在俯冲中速度超过马赫数1。

■第四段：雅克夫列夫（YAKOVLEV）雅克（Yak）-25：被北约起名为"闪光"（Flashlight）的雅克-25是苏联第一种全天候喷气式飞机，它在1952年进入服役并飞行了20多年。

■第五段：德·哈维兰的"海雌狐"（SEA VIXEN）：这架双发喷气式歼击机是英国相当于"标枪"飞机的舰载机，它一直服役到20世纪60年代晚期被F-4"鬼怪"（Phantom）飞机取代为止。

上图：像任何的高尾三角翼飞机一样，"标枪"飞机在着陆时需要小心地进行操纵控制。

下图：为了保证亚声速下的效率，"标枪"飞机设计了简单的、圆形喷气式发动机进气口。为使战斗机具有特别的速度，可能需要进行一次重大的重新设计。

下图：在20世纪50年代的飞机中，设置在高位的座舱，使其具有非常好的全方位视野。

◆一种早期的机型即知名的格罗斯特GA.Mk 5飞机，在1951年9月26日首飞。

◆"标枪"原型机在1954年7月22日首飞。

◆在1956年2月，皇家空军第46航空中队成为第一个"标枪"飞机的中队。

◆FAW.Mk 8飞机是最后的"标枪"飞机，它于1958年5月9日进行了首飞。

◆通过改进机翼，"标枪"飞机提高了它燃油的容量和携带武器的潜力。

◆在仅有4年的生产周期中，交付了343架"标枪"飞机。

上图："标枪"FAW.Mk 7飞机是皇家空军第一种能够使用"火镰"红外导弹的战斗机。后来这种导弹也装备了"闪电"飞机。

上图："标枪"飞机与其取代的"流星"（Meteors）和"吸血鬼"（Vampires）飞机相比堪称巨物。

上图："标枪"飞机虽然是一种制造很坚固的重型飞机，但它还能流畅地进行特技飞行，特别是1958年的FAW.Mk 8飞机，它装备有动力增大的"蓝宝石"（Sapphire）发动机。

上图：."标枪"飞机是英国一种重要的飞机，因为它把皇家空军领进了装备导弹的全天候战斗机时代。如果它按计划进行升级，安装先进的薄机翼，那么它可能会服役到20世纪80年代。

左图：皇家空军对它的最新战斗机引以为豪。在1956年这些带有武装的FAW.Mk1（全天候战斗机）飞机为公众在它的汉普郡（Hampshire）基地进行了飞行表演。

汉德利·佩奇公司，O/100 与 O/400 轰炸机

汉德利·佩奇公司O/100大型轰炸机于1916年年末开始服役，是英国最大的飞机。1917年3月16、17日夜间，汉德利·佩奇飞行中队接到第一个任务，对德军占领的一个铁路枢纽站和铁路编组站发动了攻击。

O/100的动力装置为两台198千瓦罗尔斯·罗伊斯"鹰"式发动机。最初的O/100驾驶员座舱为封闭式，外有防护装甲以保护机组人员与发动机，但因此造成飞机行动迟缓，因此，之后的生产型飞机均采用开放式座舱，

且未装防护装甲。

1918年起O/400生产型飞机交付使用。该机型发动机功率更大，燃油系统做出了改进，载弹量接近一吨。尽管O/100的产量只有46架，但第一次世界大战结束时，在役的O/400飞机高达400架。美国陆军航空队订购了1500架O/400飞机，并欲将之作为标准重型轰炸机，然而第一次世界大战结束致使合同终止，在此之前仅有107架飞机下线。

O/400 性能参数

机　　型：远程重型轰炸机
动力装置：268千瓦罗尔斯·罗伊斯"鹰"式VIII
　　　　　V-12活塞发动机
最大速度：156千米/小时
最大航程：1200千米
实用升限：2600米
重　　量：空重3719千克；载重6350千克
武器装备：可移动7.7毫米刘易斯机枪至多5挺；
　　　　　最大载弹量907千克或挂载1枚748千克
　　　　　炸弹
外形尺寸：翼展 30.48米
　　　　　机长 19.16米
　　　　　机高 6.71米
　　　　　机翼面积 153.1平方米

下图：以当时的标准而言，O/400确实可称作大型飞机。O/400之后英国皇家空军再无产量庞大的大型在役军用飞机，直至1936年费尔雷的"亨登"飞机问世。

第一次世界大战期间的重型轰炸机

■卡普罗尼Ca 3:
意大利在多发动机飞机设计领域一直处于领先地位。卡普罗尼公司设计生产的双翼、三翼机取得了巨大成功，并装备了法国、英国、意大利等多国空军。

■哥达G.IV:
G型轰炸机最大载弹量可达500千克，是1917、1918年德军对英作战的主力。尽管多家公司均生产了这一系列轰炸机，但协约国将之统称为"哥达轰炸机"。

■齐柏林-斯塔肯R:
第一次世界大战最后两年，德国齐柏林-斯塔肯R型大型轰炸机问世，该机型可搭乘7名机组人员，载弹量巨大，主要参与了西线战场战役及对伦敦的轰炸袭击。

上图：早期的O/100原型机在飞行速度达到130千米/小时时机身后部会严重颤震，之后设计人员加强了飞机结构，解决了这一问题。

上图：第一次世界大战爆发时，军用飞机的武器装备仅为一挺步枪、少量炸弹。及至1918年，图中轰炸机的载弹量已高达748千克。在英国，汉德利·佩奇相当于大型飞机的同义词。

上图：由于罗尔斯·罗伊斯"鹰"式发动机供应不足，因此有时采用阳光"哥萨克"（Cossack）发动机代替。

右图：图为一架O/400在泰晤士河上空进行飞行练习。随后，英军驾驶O/400对比利时泽布吕赫（Zeebrugge）运河发动攻击，阻止德军U型潜艇通过。

◆1915年12月18日下午1时51分，首架O/100飞机飞离地面。

◆1916年7月，一架搭载20名乘客的O/100飞上2000米高空。

◆1917年一架O/100途径巴黎、罗马、巴尔干半岛飞抵中东，执行轰炸君士坦丁堡的任务。

◆1918年9月14、15日夜间40架汉德利·佩奇O/400对德国萨尔州（Saar）发动了军事攻击。

◆O/400可挂载一枚英国最重的炸弹，重约748千克。

◆1918年12月，一架O/400对埃及到印度的路线进行了勘察。

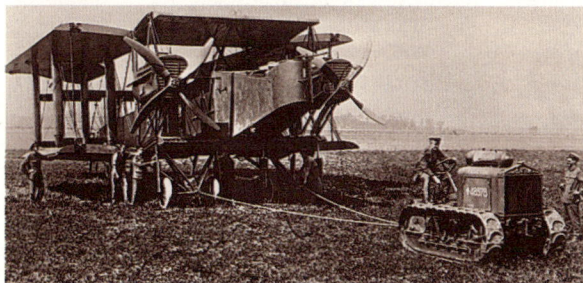

上图：O/400系列飞机起落架宽、轮胎厚，足以承受较大的机身重量。1918年，图中这架O/400曾随第207飞行中队在法国Ligescourt服役。

上图：O/400的动力装置为罗尔斯·罗伊斯"鹰"式发动机，还可替换为"阳光"（Sunbeam）MAORI发动机或"自由"（Liberty）12-N发动机。

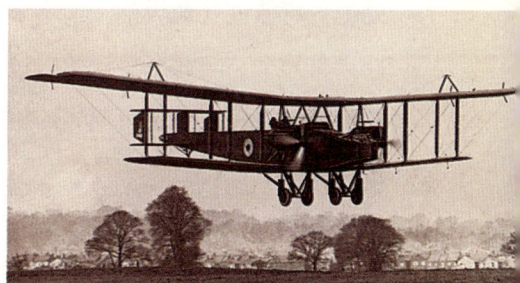

上图：O/400的起飞速度约为80千米/小时，但由于阻力较大，其最高速度一般。

左图：1917年，英国海军O/100飞行队在土耳其Stenia湾攻击了德国戈本（Goeben）战斗巡航舰。

上图：第一次世界大战结束后，O/400成为民用客机。图中编号为G-EAKG的O/400是一架退役飞机，后由汉德利·佩奇运输公司买下作为民用机往来于巴黎与其他城市。

汉德利·佩奇公司，"海福德"轰炸机

"海福德"是英国皇家空军使用的最后一款双翼重型轰炸机，具有机身紧贴上翼的特殊结构，并且机尾机炮手处配置可收放"垃圾桶"炮塔。其服役期异常短暂，自1933年开始服役，主要用作英国皇家空军的夜间轰炸机使用，1939年起逐渐退役。

尽管外形奇特，"海福德"却具备夜间轰炸机应有特质。这是一款不同寻常的轰炸机，其机身与上翼相连，炸弹被储存在下翼突出的小隔间内。飞机采用罗尔斯·罗伊斯"隼"式与阿姆斯特朗·西德利"虎"式发动机，并且加入了许多降低阻力的设计。尽管如此，"海福德"的速度仍十分缓慢。然而，令人惊奇的是，"海福德"十分灵活，可在空中快速转弯。此外，它还非常容易操纵，也非常结实。但是，单翼机的出现取代了"海福德"，仅剩的几架在20世纪40年代被用作了教练机。

"海福德" Mk 1A 性能参数

机　　型：双翼夜间轰炸机
动力装置：罗尔斯·罗伊斯"隼"式三代428千瓦液冷直列发动机2台
最大速度：228千米/小时
作战半径：1480千米
实用升限：6500米
重　　量：空重4666千克；最大装载重量7710千克
武器装备：7.7毫米口径刘易斯机枪3挺；1200千克炸药
机组成员：4~5名
外形尺寸：翼展22.90米
　　　　　机长16.79米
　　　　　机高5.33米
　　　　　机翼面积132.8平方米

下图："海福德"的驾驶员是暴露在外界环境中的，因此，位于实用升限位置时驾驶员或感身体不适。

左图：虽然机组成员都喜欢"海福德"飞机，但是机头机炮手暴露在外面。虽然对"斯廷杰"（Stieger）和"哈伯德"（Hubbard）机头机炮塔进行了试验，但是它们从来没有被用于服役。

上图：对于这样大型的飞机来说，"海福德"却表现得异常灵活，且有非常好的结构强度，这两点对于轰炸机来说都是至关重要的。

上图：在着陆时，一名飞行员要把飞机空中旋转不少于2.5次，而另一名飞行员要避免由于结冰引起的不经意的高速俯冲。

20世纪30年代皇家空军轰炸机

■阿姆斯特朗（armstrong）·威特沃斯（Whitworth）惠特利（whitley）：在战争爆发时，惠特利飞机成为夜间轰炸机部队的主力机型。

■布里斯托尔"孟买"（BOMBAY）轰炸机："孟买"轰炸机于1935年首次起用，并参与了20世纪40年代的北非战争。

■费尔雷"亨顿"（HENDON）轰炸机：皇家空军首架单翼机，1936年起服役，1938年被"惠灵顿"轰炸机取代。

■汉德利·佩奇公司"哈罗"（HARROW）轰炸机：该款机型是在"海福德"和"惠特利"之间的过渡机型，于1937年投入使用。

左图："海福德"尾部的双垂尾设计被汉德利·佩奇公司保留并运用到了其他系列中，其中最著名的为汉普登单翼轰炸机。飞机的凸角补偿片扩展至方向舵，以使生产型"海福德"飞机的操纵感觉更轻快。

汉德利·佩奇公司,"哈利法克斯"轰炸机

　　"哈利法克斯"是英国皇家空军最重要的四引擎轰炸机之一,是对德国进行夜间轰炸的骨干力量。尽管"兰开斯特"飞机也拥有很多荣誉,但"哈利法克斯"的飞行员和机组人员都认为"哈利法克斯"是一种具有强大打击力量的优秀重型轰炸机。此外,"哈利法克斯"还担负了大量各种各样的任务,从反潜巡逻到向被占领的欧洲伞降特工等。

　　在汉德利·佩奇公司的"哈利法克斯"轰炸机巅峰时期,曾装备了英

国皇家空军轰炸机司令部的34个中队,1941—1945年,对欧洲出动了75532架次,投下了227609吨炸弹。

　　从某些方面来看,"哈利法克斯"是其同类飞机中最好的一种,它具有巨大的炸弹携载量,而且在被击中时常常能靠韧性和强度幸免于难。

　　"哈利法克斯"也是用途最多的英国皇家空军重型轰炸机。因对欧洲进行夜间袭击而被铭记的"哈利法克斯"飞机还承担了许多其他任务,如拖曳滑翔机、人员运输和海上侦察等。

B.Mk III型 性能参数

类　　型:7座远程重型轰炸机、部队运输机和远程反潜机

发 动 机:4台1204千瓦的布里斯托尔"水星"星形活塞发动机

最大航速:500千米/小时

航　　程:携带最大载弹量时2000千米

实用升限:7315米

重　　量:空机重17345千克;满载后重29484千克

武　　器:在机头、四方的背部和机尾炮塔内有9挺7.7毫米机枪,外加5897千克炸弹

外形尺寸:翼展　31.75米
机长　21.82米
机高　6.32米
机翼面积　118.45平方米

左图:"哈利法克斯"Mk III型轰炸机采用了布里斯托尔的"水星"星形发动机,并且安装了翼展延长的机翼、新型尾翼和一个长长的没有炮塔的玻璃机头。增强的性能为机组人员所喜爱。

■开始任务：英国皇家空军的轰炸机空袭是非常复杂的作战行动。多达1000架的重型轰炸机从遍布英国东部地区的机场上起飞，然后分成几股洪流穿越欧洲海岸。在战争后期，这些轰炸机还由装备电子对抗设备的飞机以及具有重型武装的"蚊"式夜间战斗机伴随，以对付纳粹德国激烈的防御抵抗。

■欺骗袭击：轰炸航线常被设计成向着许多城市中任意一个突袭的方式前进，以迫使纳粹德国空军分散其防御力量。

■真正的目标：各个轰炸机编队在预先确定的地点会合，然后几乎同时飞临主要目标的上空，以此战胜敌方防御力量，保存自己。

■多重威胁：敌方防御力量面临着来自不同方向不同高度编队的威胁。而精确地制订计划对于防止冲突至关重要。到战争结束时，一次1000架轰炸机的袭击只需要耗费数分，而在三年前则需要耗费数小时的时间。

袭击第三帝国的夜间轰炸机

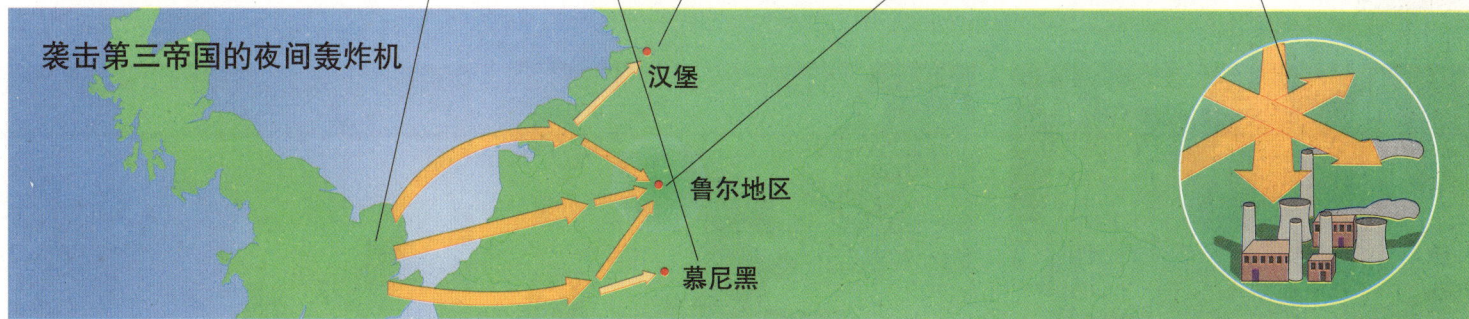

汉堡

鲁尔地区

慕尼黑

左图："哈利法克斯"轰炸机曾服役于欧洲和大西洋战区的各个战场。在担负海上任务时，机组人员都喜欢这种在海洋上空能巡游很远距离的飞机，这能保护航船队免遭德国潜艇的威胁。

上图：早期的"哈利法克斯"飞机都安装有一个装有2挺机枪的机头炮塔。在后来的衍生型飞机上，该炮塔被一个流线型的珀思培克斯玻璃座舱取代，这样大大减少了阻力。

◆ "哈利法克斯"原型机于1939年10月25日首飞。

◆ 除了轰炸机司令部之外,英国皇家空军海防总队也使用了"哈利法克斯"飞机,用以执行反潜和其他海上任务。

◆ "哈利法克斯"飞机的总产量为6178架,但没有一架能够完整地保留至今。

◆ 由于"哈利法克斯"飞机具有巨大的牵引力,因此它被英国皇家空军和民事用户作为一种运货机和运输机使用。

◆ 1973年,有一架几乎完整的"哈利法克斯"轰炸机残骸被从挪威的Hoklingen湖中打捞出来。

◆ "哈利法克斯"是第一种携带H2S雷达轰炸设备的飞机。

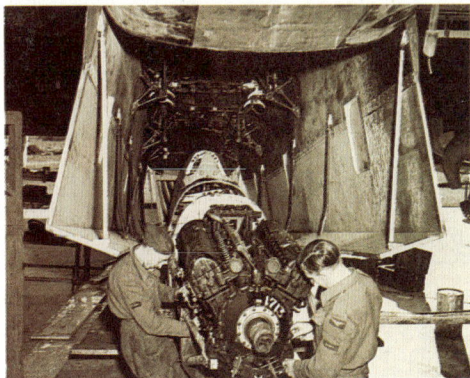

上图:尽管炸弹舱的设计目的是用来携带1800千克炸弹的,但也能够容纳较为不常见的装载物,比如这台发动机。

下图:即便是保持密集的防御编队,"哈利法克斯"轰炸机的炮塔在白天仍然不能为其提供有效的防御。它所担负的大多数轰炸任务都是在夜间进行的。

上图:一架被目标指示闪光信号的强光映射衬着的"哈利法克斯"轰炸机,正在向一个V型飞弹发射场投放其炸弹。轰炸航路是执行此类任务时最危险的部分。

上图:"哈利法克斯"Mk VIII衍生型运输机能够携带3600千克货物,其特征是没有机枪炮塔,且具有凸出的腹部。

上图:黑色的飞机下侧是设计用来隐藏该机在担负夜间轰炸任务时不被探照灯发现。尽管"兰开斯特"飞机使其黯然失色,但"哈利法克斯"仍然是一种有效的作战飞机。

汉德利·佩奇公司，"胜利者"轰炸机

汉德利·佩奇的"胜利者"飞机是战后伟大的喷气式轰炸机之一。这种庞大的镰形机翼的喷气机是英国开创V型轰炸机纪元的三重奏之一，其他两种是阿芙罗的"火神"（Avro Vulcan）飞机和"维克斯"（Vickers）飞机，在许多方面它是这三种飞机中最先进的。它给战略轰炸任务带来了强大的新式能力，这项任务以前是由螺旋桨驱动的飞机完成的。冷战后，"胜利者"飞机承担了加油机的任务。

"胜利者"飞机在1952年才开始投入服役，比其他V型轰炸机具有更大的载弹能力，并且一旦战争来临的话，它将会是战略打击的急先锋。它装备有"蓝铁"核弹头远程导弹，但是该武器在试验外从来没有使用过。

"胜利者"飞机在许多方面都是非常先进的。它的机翼是镰形的，其后掠角在机翼内侧最大，外侧逐渐减小。这种设计思想是第二次世界大战末期由德国制造商容克（Junker）公司首先研究的。汉德利·佩奇公司制造了HP.88研究机以试验这种基本的设计思想，当"胜利者"飞机在试验中以超声速的速度俯冲时，证明了这种设计的价值。它的机头形状依然保留着，看起来像是为太空飞行而设计的，即使在今天也是极不寻常的。

B.Mk2 性能参数

类　　型：	5座远程战略轰炸机
动　　力：	4台91.64千牛推力罗尔斯·罗伊斯康威（Conway）RCo.17 Mk 201涡扇发动机和2台35.60千牛推力德·哈维兰（de Havilland）幽灵（Spectre）火箭马达
最大飞行速度：	在12200米高空为1038千米/小时
最大航速：	65000千米
实用升限：	16765米
重　　量：	空重大约51820千克；最大装载后重量约10115千克
武　　器：	1枚阿芙罗（Avro）"蓝铁"Mk 1投射导弹；或者35～48枚454千克常规炸弹
尺寸大小：	翼展 36.57米
	机长 35.03米
	机高 8.57米
	机翼面积 241.30平方米

左图："胜利者"飞机身上的全白色涂装意欲反映自己核武发出的骇人闪光。

上图：像"火神"飞机一样，"胜利者"飞机需要更强大的动力和更大的机翼，才是一个真正的成功。B.Mk2飞机安装了罗尔斯·罗伊斯康威（Conway）涡喷发动机。这种飞机制造了30架，许多被改装为侦察机。

冷战中的核武轰炸机

■第一段: 阿芙罗 "火神" 飞机: "火神" 飞机是皇家空军最成功的V型轰炸机, 它也是作为核武轰炸机开始了它的飞行生涯。它一直服役到20世纪80年代, 在马尔维纳斯群岛战争中, 该机执行了许多作战行动。

上图: 尽管 "胜利者" 飞机有很大潜力, 但它作为轰炸机的生涯很短, 它在1958年进入航空中队服役, 1968年退役。

■第二段: 波音B-52 "同温层堡垒" (STRATOFORTRESS): 波音巨大的B-52飞机带有8台发动机, 它是美国空军从20世纪60年代到80年代空中部队的主战飞机。

■第三段: 图波列夫 图-16 "獾" (Badger) 式飞机: 由两台涡喷发动机驱动的图-16飞机是图-95飞机较小的表兄弟, 它被苏联生产了许多架, 包括核武型和常规型轰炸机。

上图: 像其他V型轰炸机兄弟一样, "胜利者" 飞机的涡喷发动机埋在机翼的根部, 这是一种优美的气动解决方案, 但对于从事发动机工作的工程师来说, 这是他们最不满意的地方。

■第四段: 图波列夫 图-95 "熊" (BEAR) 式飞机: 图-95飞机是曾经生产过的最大涡轮螺旋桨轰炸机, 当它在20世纪50年代出现的时候以它的速度震惊西方。它现在依然在俄罗斯服役。

下图: "胜利者" 飞机的机组成员包括两名驾驶员、雷达导航员、导航绘图员、电子对抗操作员。只有驾驶员坐在弹射座椅上。机组成员使用的潜望镜面向后方, 安装在驾驶舱的后部。

XL192

档案

◆1957年6月1日，一架"胜利者"飞机在小角度俯冲中速度超过了马赫数1，它是那时能以超声速飞行的最大飞机。

◆"胜利者"原型机在1952年11月24日进行了首飞，但于1954年坠毁了。

◆"胜利者"飞机能够携带由战时兰彻斯特（Lancaster）飞机使用的"大满贯"（Gland Slam）炸弹。

◆为了防御，"胜利者"飞机安装了一个被称作"红色引导"（Red Steer）的极机密电子反对抗系统。

◆"胜利者"飞机在设计中就原本考虑了一个逃离舱的配置。

◆"胜利者"飞机在澳大利亚乌莫若（Woomera）附近的沙漠试验中发射了"蓝铁"导弹。

上图："胜利者"原型机在1952年终于飞行了，它是最新服役的V型轰炸机。在生产型飞机中，机头被稍微加长了一些而水平安定面被缩短了。

上图：为了维护英国威慑的可信性，"胜利者"飞机经常在巡逻中携带真实的"蓝铁"导弹。

左图：尽管"胜利者"飞机的设计很有天赋，但它研发时间过长和先进海对空导弹的出现，意味着它只能在其生涯中的一小部分中真正作为一种轰炸机飞行。

下图：这架"胜利者"飞机在它武器舱内携带有一枚"蓝铁"导弹。这种导弹使用的是液体燃料，飞行前需要额外的准备。

霍克公司，"雄鹿"系列（HART）战机

1930年，"雄鹿"系列开始投入使用，速度超过当时任何一架战斗机。因需求的不同，"雄鹿"也出现了多种改型，其中包括为中东打造的"雄鹿"（特制型）、"雄鹿"（印度版）以及用于通信的"雄鹿"C型轰炸机。此外，还有为南非打造的"雄鹿"系列，该系列于1935年开始生产，共生产了65架。截至1939年9月，大部分"雄鹿"飞机都被现代机型取代，但一部分仍在前线服役。

上图：中立的瑞典获准生产42架"雄鹿"系列战斗机，并在战争期间服役。

右图：作为"雄鹿"的改进型，"雌鹿"作为轻型轰炸机教练机在皇家海军志愿后备队服役。

"雄鹿"性能参数

机　　型：双座轻型轰炸机，近距支援机及教练机

动力装置：391千瓦罗尔斯·罗伊斯IB"隼"式发动机；或380千瓦罗尔斯·罗伊斯X(DR)"隼"式液冷活塞发动机

最大速度：在1525米高空，速度为296千米/小时

航　　程：756千米

实用升限：6510米

重　　量：空重1148千克；最大起飞重量2066千克

武器装备：7.7毫米口径前置固定机枪1~2挺，后座舱7.7毫米机枪1挺；载弹量236千克

外形尺寸：翼展　11.35米

机长　8.94米

机高　3.17米

翼展面积　32.33平方米

色彩斑斓的"雄鹿"家族

■Audax：Audax于1937年停产，共生产624架。主要用作配合陆军作战飞机及高级教练机。

■"恶魔"："恶魔"于1940年开始服役，图为澳大利亚皇家空军生产的64架"恶魔"之一。"恶魔"二代则是外形为战斗机式样的教练机。

■"雄鹿"："雄鹿"轻型轰炸机于1930年开始服役，并在1932—1936年间被"上海福德"的英国皇家空军57中队使用。

■"雄鹿"教练机：该款机型未装备任何武器。皇家空军"雄鹿"系列2A战机现保存在伦敦亨顿皇家空军博物馆中。

上图："雄鹿"Audax系列是该系列参与战争次数最多的战机。1940年，空军237中队曾驾驶它在东非对战意大利。位于哈巴尼亚的"雄鹿"飞机则参与了1941年的伊拉克动乱。

上图：图为第11飞行训练学校的"雄鹿"Audax战机自小端星顿基地飞出。

右图："雄鹿"作为昼间轰炸机，可搭载两名飞行员，后座舱通常配置有一挺刘易斯7.7毫米口径机枪用于自我防御。

霍克公司，"雄鹿"／"恶魔"轰炸机

"雄鹿"系列战机于1928年首飞，1930年投入使用，并因其强大的发动机及流线型设计而大获成功。"雄鹿"可搭载两名飞行员，并能装载227千克炸弹。武器装备包括了一挺前射威克斯机枪，后座舱还配有一挺刘易斯手动瞄准机枪。

尽管在20世纪30年代早期，四家公司共设计生产了452架标准型轰炸机，"雄鹿"仍产生了许多改型机，主要是针对印度和中东的特殊设计。此外，另生产500架用作教练机。

"雄鹿"出众的性能导致了可用于夜间飞行的"恶魔"双座拦截机的出现。为了使后座飞行员能够逆气流瞄准开枪，"恶魔"的改进型引入了动力驱动的"龙虾背"炮塔。

在两次世界大战之间，"雄鹿"战机为英国皇家空军维持中东英国殖民地的治安和保护印度边界起到非常好的效果，它能够帮助快速处理突发事件，并启用枪支弹药攻击地面目标。许多"雄鹿"家族的战机直至第二次世界大战前期仍在皇家空军服役。此外，"雄鹿"也在包括印度在内的几个其他国家空军中服役。

上图："雄鹿"战机可执行多项任务，包括轰炸、拦截、配合陆军作战等。直到1941年，皇家空军仍在使用Audax系列作训练及合作之用。

左图：1930年2月，皇家空军第33中队配备了"雄鹿"轰炸机。然而，第33中队于1938年改为战斗机中队。

上图：20世纪30年代中期，在皇家空军扩展鼎盛期的前期，"雄鹿"的改进型"雌鹿"轰炸机横空出世。"雌鹿"采用了更加强大的"茶隼"发动机。

上图：战争期间，霍克公司的双翼机大部分被出口至他国。图中这款爱沙尼亚版"雄鹿"战机是1932年出口的8架飞机之一，机上装备了可更换机轮及浮筒起落架。

右图："恶魔"系列为双座战机，后座为观察员/炮手位，能够装载一挺7.7毫米口径刘易斯机枪。

"雄鹿"家族改型

■Audax：1932年问世，作为与陆军配合作战机型服役至1941年。

■Hardy：Audax的通用型。跟随皇家空军在伊拉克服役。

■Osprey：皇家海军战斗侦察机，带有折叠翼。

■"雌鹿"："雄鹿"的改进版，昼间轰炸机。"雌鹿"为皇家空军使用的最后一架双翼轻型轰炸机。

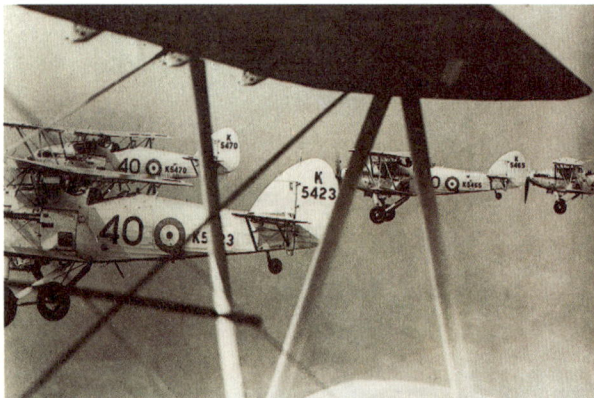

左图：该系列"雌鹿"战机隶属总部位于牛津郡阿宾顿的空军40中队，服役共2年，1938年被巴特尔轰炸机取代。

上图：总部位于爱丁堡的空军603中队是8支装备"雄鹿"的辅助空军中队之一。

左图：1934年出产的K3012配备有布里斯托尔飞马星形发动机及全封闭式座舱，并在加拿大进行了滑橇起落架试飞。

右图："雄鹿"（印度版）是针对西北边境行动专门设计生产的，第一批于1932年出产。

霍克公司，"狂怒"战斗机

"狂怒"系列于1931年进入皇家空军服役，自一开始就备受瞩目。它完美的飞行展示，包括在亨顿令人记忆深刻的特技表演，招致各国纷纷订购。"狂怒"战斗机结构简单，由首席设计师西德尼·凯姆（Sydney Camm）设计，是皇家空军首架速度超过320千米/小时的战斗机。

霍克公司的"狂怒"战机服役于皇家空军，担任保卫本国不受外来袭击的使命。"狂怒"是20世纪30年代战斗机流行机型的代表。作为双翼战机，"狂怒"在速度、机动性方面都有很强优势，但配备的是敞开式座舱。飞行员置身于发动机的烟气与呼啸而过的风之中。然而出乎意料的是，在其流线型设计未启用之前，"狂怒"就已由南非飞行员驾驶参与第二次世界大战。

"狂怒"Mk II 性能参数

机　　型：	单座双翼战斗机
动力装置：	477千瓦罗尔斯·罗伊斯"隼"式VI12缸V形活塞发动机
最大速度：	在5030米高空的速度为359千米/小时
航　　程：	435千米
实用升限：	8990米
重　　量：	空重1240千克；最大起飞重量1637千克
武器装备：	前射同步7.7毫米口径机枪两挺
外形尺寸：	翼展 9.14米
	机长 8.15米
	机高 3.10米
	机翼面积 23.41平方米

上图：由于机身的斜度设计，飞行员无法通过机头看到地面，因而使得"狂怒"几乎无法滑行。为了避免碰到阻碍，飞行员不得不在地面上Z字形曲折前进。

上图："狂怒"以其超乎寻常的快速出名。该战机被称作"急速狂怒"，并成为公司测试不同发动机及机翼的试验机。当然，所有的试验都是为了不断提高性能而进行。这一系列试验使得皇家空军把"隼"式VI型发动机用作"狂怒"Mk II型飞机的发动机。

上图："急速狂怒"曾经只是如图所示的霍克公司"中级狂怒"。然而，不同寻常的一点是，虽然涂装了民用注册号，却使用了增压的"苍鹰"（Goshawk）发动机。

上图：20世纪20年代末期至30年代早期，皇家空军中队选择了色彩鲜亮的机身标记涂画于机身两侧及翼板。如图，西洋棋盘标记的战机属于43中队，即著名的"战斗公鸡"。

右图：起落架支柱之间留有散热器专用槽。"隼"式发动机采用液体冷却，因而需要散热器来排出发动机产生的热量。

上图：大量的"狂怒"飞机被卖到国外，图中是为葡萄牙建造的3架飞机中的1架。

左图：驾驶"狂怒"极具乐趣，且控制灵活易操作。在亨顿露天机场定期会有"狂怒"的特技表演及其他精彩绝伦的飞行表演。

上图：20世纪30年代，螺旋桨的技术要比发动机落后许多，因此，"狂怒"也不得不采用巨大的双叶螺旋桨。

霍克公司，"飓风"Mk II/IV 型战斗机

1940年，"默林"XX型发动机首次安装在一架"飓风"Mk I型飞机上。重新安装发动机的战斗机迅速表现出了较高的时速：比"飓风"Mk I型飞机快出32千米/小时，该机以"飓风"Mk IIA型号投入了生产。很快，配备12挺7.7毫米机枪的"飓风"Mk IIB型飞机也投入了生产。1941年，"飓风"Mk II首先作为战斗机，后来作为战斗轰炸机横扫了法国，后者可装载454千克的炸弹。其他部队则执行"阻断海峡"的反舰巡逻任务。1941年秋，"飓风"Mk IIA和Mk IIB型飞机被派到东线。由于越来越强调将"飓风"飞机作为一种对地攻击机使用，安装了4门20毫米的航炮。从4月份开始，Mk IIC型飞机作为昼间战斗机使用；从8月份开始，夜间战斗部队也配备了Mk IIC。从1941年年末开始，Mk IID型飞机投入使用，作为配备了2门维克斯40毫米航炮的反坦克飞机在缅甸和西部沙漠战场都证实了其有效性。

1943年，在"飓风"Mk IV型飞机上引入了一种"通用"的机翼，以便适应某些地域的作战需要。Mk IV携带有40毫米航炮、副油箱或2枚113千克炸弹或227千克炸弹。此外还安装了附加装甲。Mk IV型飞机于1943年投入使用，它是皇家空军使用27千克火箭弹武器的开创者。

Mk IIC型 性能参数

类　　型：战斗机和战斗轰炸机
发 动 机：1台954千瓦的劳斯莱斯"默林"液冷活塞发动机
最大航速：514千米/小时
初始爬升率：9.1分钟爬升至6100米
航　　程：740千米；带2个200升副油箱时为1480千米
实用升限：10850米
重　　量：空机重2631千克；满载后重3674千克
武　　器：4门"依斯帕诺"或"厄利孔"20毫米航炮，翼下吊架可挂2枚113千克或227千克的炸弹
外形尺寸：翼展　12.19米
　　　　　机长　9.75米
　　　　　机高　3.99米
　　　　　机翼面积　23.92平方米

左图：伊朗于1939年订购了"飓风"飞机，但其交付时间一直被推迟到第二次世界大战结束之后。这架双座的Mk IIC型教练机就是其中之一。

上图：第247中队是装备配备有航炮的Mk IIC型飞机的5个英国皇家空军中队之一，在法国和低地国家作战。

■40毫米航炮："飓风"Mk IID型飞机惹人注目地安装有一对40毫米维克斯S航炮，每门航炮带有15枚炮弹，同时还安装有两挺7.7毫米机枪以调整航炮准度。这些航炮和额外的装甲降低了飞机的机动性。

■火箭弹：安装在Mk IV型（最初是设计在Mk IIE型）上的"通用"机翼，使得该机能够携带8枚27千克76.2毫米的火箭弹。此外还安装了额外的装甲以保护"默林"27型发动机，27型发动机还为在高温环境中的低空作战进行了改造。

■机翼下载荷：生产数量最多的Mk IIC型飞机的特征是装有4门20毫米航炮和各种各样的翼下载荷。

■炸弹和油箱：Mk IIC型飞机的翼下载荷包括2个200升的副油箱，或2枚113千克或227千克的炸弹。对地攻击的"飓风"飞机有时携带有不对称的负载或混合负载，如4枚火箭弹和1个油箱。

对地攻击的武器配备

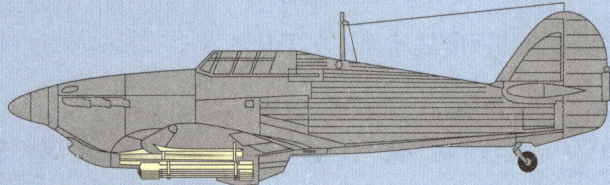

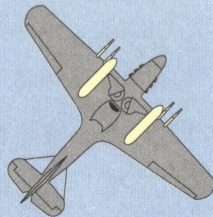

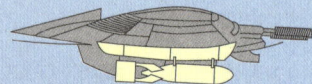

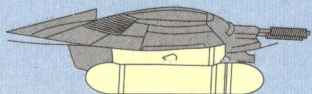

上图：在第二次世界大战期间，Mk II和IV型"飓风"战斗轰炸机在英国和加拿大保持不间断的生产。

左图：尽管76.2毫米27千克火箭弹更多的是与霍克"台风"飞机联系在一起，但Mk IV型"飓风"飞机首先安装了火箭弹。

上图：1942年5月，首批Mk IIC型飞机抵达印度和锡兰，16个中队装备了Mk IIC飞机。到1944年，这一数目增加到了29个，其中有7个中队是印度空军。印度空军第1中队担负次要的战术侦察任务，他们装备的Mk IIC型飞机携带有一部安装在机翼上的照相机。

档案

◆ 早期装备20毫米航炮的Mk IIC型飞机，都由第151中队在不列颠战役期间进行了作战试验。

◆ 第6中队是英国皇家空军的最后一支"飓风"飞机部队，该中队保留Mk IV型飞机一直到1946年。

◆ 最后制造的一架"飓风"飞机的编号为PZ865，它是一架Mk IIC型飞机，保留在英国皇家空军，仍然能够飞行。

◆ 加拿大生产的"飓风"包括Mk XII型飞机，这是一种安装了不同的武器装备和一台派卡德公司生产的"默林"发动机的Mk II型飞机。

◆ Mk III型飞机打算采用派卡德"默林"发动机，但计划被取消了。

◆ 第二次世界大战中，苏联、土耳其、爱尔兰、埃及和印度都曾使用Mk II型"飓风"飞机。

左图：Mk IIB型飞机装有12挺7.7毫米勃朗宁机枪，还装有挂架以携带2枚227千克炸弹，这是第一种攻击型"飓风"飞机。

上图：Mk IID型飞机安装两门40毫米S航炮，这是强大的反装甲飞机。英国皇家空军第6中队是第一支装备Mk IID的部队，该中队被恰当地称为"飞行开罐器"。

上图：在1944年的雨季，这架Mk IIC型飞机在印度泥泞的阿萨姆邦，该机隶属于第3战术空军，机头下安装了"沃克斯"热带空气过滤器，在机翼下方还装有两个200升副油箱。

霍克公司，"暴风"战斗机

"暴风"飞机于1944年4月开始服役，在2个月之后的诺曼底登陆行动中发挥了积极作用。在与V-1飞弹的对抗之中，皇家空军总共摧毁了1771枚V-1飞弹，"暴风"飞行员击落了638枚。"暴风"飞机支援了盟军在欧洲的推进，在与梅塞施米特Me 262喷气战斗机的空战中取得了胜利，击落了至少11架。

战后，"暴风"V型飞机继续在英国占领军空军中队中服役，直到它们被"暴风"Mk II型飞机和"吸血鬼"飞机所取代。耐热且动力更强大的"暴风"VI型飞机也由皇家空军在中东使用。采用"人马座"发动机的"暴风"Mk VI型飞机于1946年开始服役，由基地设在德国、中国香港、印度和马米半岛的飞行中队驾驶，直到1951年被"大黄蜂"飞机取代。印度和巴勒斯坦空军也都曾使用过"暴风"Mk II型飞机。

Mk V型 性能参数

类　　型：	单座战斗机和战斗轰炸机
发 动 机：	1台1766千瓦的布里斯托尔"人马座"Mk V型24缸活塞式发动机（Mk II型飞机）；1台1626千瓦奈培"佩刀"IIA/B型24缸H型活塞式发动机（Mk V型飞机）
最大航速：	在5640米高度时为686千米/小时
航　　程：	1191千米
实用升限：	11125米
重　　量：	空机重4082千克；最大起飞重量6142千克
武　　器：	4门20毫米航炮和2枚227千克炸弹，或2枚454千克炸弹或8枚27千克火箭弹
外形尺寸：	翼展　12.50米
	机长　10.26米
	机高　4.90米
	机翼面积　28.06平方米

左图：霍克"暴风"是强大的战斗机。紧跟在较为著名的"台风"之后，霍克公司研制了大型的强有力的"暴风"战斗机。它拥有巨大的发动机、气泡式座舱和良好的性能，在欧洲战场上被证明是盟军的利器。这种优秀战斗机经受了许多的挑战，最让人难忘的是它拦截并击落在1944—1945年间攻击英国的V-1飞弹。

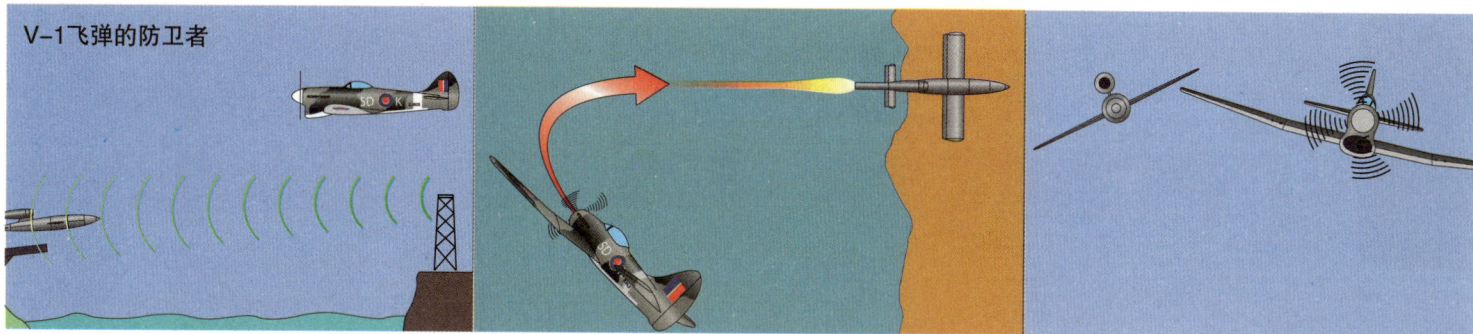

V-1飞弹的防卫者

1.飞弹发射：V-1飞弹在海峡海岸发射后，被皇家空军雷达网探测到，担负防卫任务的"暴风"战斗机接到报警起飞。

2.快速前行将其摧毁："暴风"飞机充分利用高度的优势，在飞弹到达其城市目标之前，对其实施俯冲攻击。

3.敲击破坏V-1飞弹：一种有效的击落一枚V-1飞弹的方法，就是让"暴风"飞机在飞弹旁边飞行，然后使用其翼尖敲击破坏V-1飞弹的飞行稳定。

左图：在1944—1945年间，皇家空军的"暴风"Mk V型飞机成功实施了地面攻击、训练袭击、摧毁V-1飞弹，以及在整个比利时和荷兰支援盟军的攻击等任务。

上图："暴风"飞机的第一种机型，即Mk V型飞机装备有4门20毫米"依斯帕诺"航炮，并且在其机翼之下还挂有火箭弹或炸弹。

上图："暴风"飞机的机尾是一种背鳍延伸的悬臂式全金属机尾装置。横尾翼和稳定翼都由承力蒙皮覆盖，但方向舵由翼布覆盖。所有的操纵面都具有小翼。

◆拥有最高战绩的"暴风"飞行员D.C.费尔班克斯，是在英国皇家空军中服役的美国人，他赢得了11场空战胜利。
◆首架用于飞行的"暴风"Mk V飞机，是由一架"台风"飞机改造而成的。
◆"暴风"飞机作为靶标拖曳机，一直在皇家空军中服役至1955年7月。
◆"暴风"飞机曾推毁了240架纳粹德国空军的飞机，其中包括80架梅塞米特Bf-109和115架福克尔-沃尔夫Fw-190飞机。
◆有一名"暴风"飞机的飞行员创造了击落60多枚V-1飞弹的成绩。
◆"暴风"战斗机的总生产量超过了1400架。

上图：霍克"暴风"Mk V型飞机是第二次世界大战结束前最后一种进入英国皇家空军服役的战斗机。装有"人马座"发动机的"暴风"Mk II型飞机原计划用在远东与日本作战，但在准备好之前战争就结束了。

上图：装有布里斯托尔"人马座"发动机的"暴风"Mk II型飞机在第二次世界大战期间未能服役，战后服役于远东地区。

上图：这架"暴风"Mk VI型飞机是Mk V型飞机的一种热带用衍生型号，它安装的是"佩刀"V型发动机和较大的散热器。

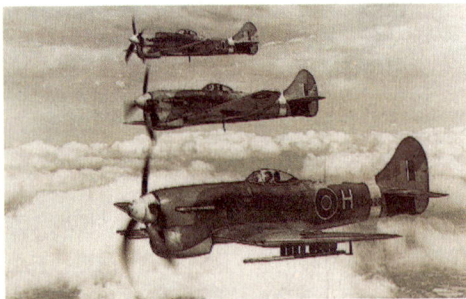

上图：　1945年，"暴风"Mk V型2系列战斗机在位于西瑞恩汉姆的皇家空军战斗机研究所进行试飞。

上图："暴风"战斗机引入了一种新型、薄且椭圆的层流式机翼。设计师悉尼·凯姆说，由于皇家空军一直偏爱"喷火"飞机的成功，他也只能设计这种机翼形状。

上图："暴风"飞机的"人马座"发动机，使其成为当时动力最强的单引擎战斗机。

霍克公司，"台风"战斗轰炸机

"台风"在由最初的截击机设计发展改进成为第二次世界大战中最好的近距离支援飞机前，几乎被取消研制。"台风"拥有一个好斗的"狮子鼻"、4门长管航炮、"佩刀"型发动机，作为战斗轰炸机给敌人带来了严重的灾难。在欧洲西北部战场上空，大群的"台风"飞机在战争史上创造了不可磨灭的战绩。

霍克"台风"飞机于1940年进行首飞，它是作为Fw-190的对手出现的，它速度足够快，却不够灵活，而且发动机故障频发。直到战争后期作为低空近距离支援飞机，"台风"才真正发挥作用。

"台风"是极好的枪炮平台，能携带并精确投放重型炸弹或发射空对地火箭弹。

"台风"飞机辉煌战功是在1944年8月的第3周。当时，德军在法国南部幸存的部队接近阿弗郎什。这些部队包括第5装甲军、第7军和"埃伯巴哈"装甲集团。主要来自皇家空军第83大队的"台风"飞机发射了火箭弹、炮弹和炸弹，一直到几乎没有一辆德军车辆能够运行为止。

Mk IB型 性能参数

类　　型：单座战斗轰炸机

发 动 机：1台1626千瓦的纳皮尔"佩刀"IIA型22缸直列式活塞发动机

最大航速：在6000米高度时为664千米/小时

航　　程：975千米；带有副油箱1500千米

实用升限：10700米

重　　量：空机重3992千克；满载重6010千克

武　　器：4门29毫米"依斯帕诺"航炮，每门备弹量140发；两枚炸弹，每枚重达454千克；大量8枚或12枚重为27千克的火箭弹或2个205升的副油箱

外形尺寸：翼展　12.67米
机长　9.73米
机高　4.52米
机翼面积　25.90平方米

上图：装备火箭弹的"台风"飞机是西欧登陆日后盟军编制中最强武器之一。它使德国装甲部队在法国的战斗变得非常困难。

上图：纳皮尔"佩刀"发动机装有巨大的散热器，这使得"台风"飞机显得非常难看。

上图："斯特林"飞机由第11轰炸机司令部指挥的中队参战中，共出动18440架次，投弹27821吨，投放了20000枚地雷。在生产的2369架"斯特林"飞机中，有769架损毁，其中行动中损毁641架。

上图："台风"飞机和配备了劳斯莱斯"秃鹰"发动机的"狂风"飞机同时设计。

上图：作为截击机设计，又以高速低空攻击机扬名的"台风"是盟军最重要的反坦克武器之一。

右图：在1944年6月侵入法国之前，所有的盟军飞机都喷涂上了巨大的"入侵条纹"。

左图："台风"飞机通过安装鱼尾板以加强尾翼结构的方式解决了早期的尾翼问题。

霍克公司，"猎人" F.Mks 1-5 战斗机

第一架"猎人"原型机即霍克公司的P.1067飞机于1951年7月飞行之前，已经签订了113架生产合同。这些最初的"猎人"F.Mk1飞机在生产了很多架以后，出现了许多问题，使它们的交付服役延迟了一年多时间。

罗尔斯·罗伊斯的埃冯发动机在高空格斗中有不利的喘振特性，当机枪发射时情况更糟。人工控制证明是不够的，并不得不用更有力的控制进行替代，而使用襟翼作为气动减速板又进一步引起了不稳定性问题。当解决了这些问题时，"猎人"F.Mk1开始投入服役已经是1954年7月的事情了。

这些问题迟滞了飞机的设计进展，此后，在后来的型号飞机中对控制特性、动力、航程和武器都进行了改进。"猎人"飞机由于它几乎完美的操纵性和飞行限制很少的特性，深受飞行员的喜爱。该机非常稳定，几乎在前线服役了20年。

F.Mk 5 性能参数

类　　型: 单座战斗机
动　　力: 1台35.59千牛推力阿姆斯特朗西德利（Armstrong Siddeley）的蓝宝石（Sapphire）101涡喷发动机
最大飞行速度: 978千米/小时，在高空11000米
初始爬升率: 8分12秒可达13720米
航　　程: 689千米
实用升限: 15240米
重　　量: 空重5689千克；最大起飞重量10886千克
武　　器: 4门30毫米 亚丁（ADEN）机炮
尺寸大小: 翼展 10.29米
　　　　　机长 13.98米
　　　　　机高 4.01米
　　　　　机翼面积 33.42平方米

上图：这架第56航空中队的F.Mk1飞机上去掉了武器连接装置和翼下挂架。

上图：1955年，瑞典空军购买了120架"猎人"F.Mk50飞机（一种F.Mk 4 的出口型）。

从来没有实施生产的"猎人"改型机

P.1091：这架三角翼"猎人"改型机在1951年被提了出来，并安装一台加力型的蓝宝石涡喷发动机。它被期望最大飞行速度可以达到马赫数0.98。

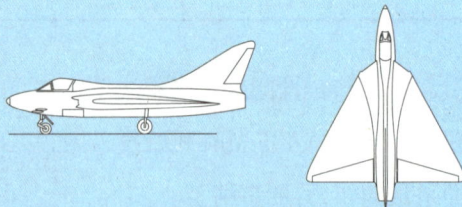

P.1100：该机带有一台加力型罗尔斯·罗伊斯埃冯发动机和两台火箭助推器，期望速度达到马赫数1.5，它在1955年被提出来，可以携带两门亚丁（ADEN）机炮、两枚火镰（Firestreak）导弹。

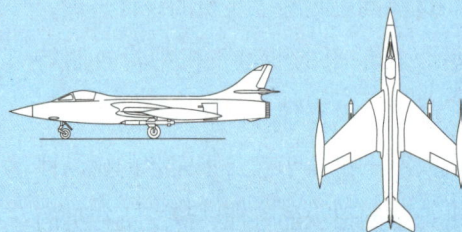

P.1128：该型机是1957年被提出来的一种客机型，它将由两台布里斯托尔（Bristol）俄耳甫斯（Orpheus）涡喷发动机驱动，使用标准的"猎人"飞机机翼和起落架。其客舱可以容纳5名或6名乘客。

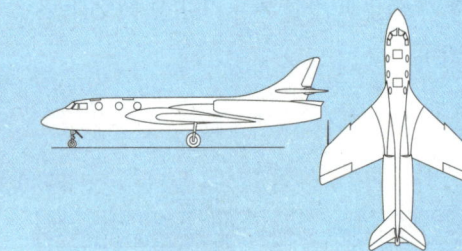

上图：发动机的进气口，原来的设计是计划在飞机的头部，后来移动到机身两侧的翼根处。雷达测距仪安装在了原来的头部位置。

上图：早期的"猎人"飞机出现了机枪射击问题，它引起了发动机的喘振。

下图："猎人"飞机的机身是全金属半硬壳式承力蒙皮结构，分为三段制造。其带有一个单独的滑动式座舱盖，舱内有一个全自动的马丁－贝克（Martin－Baker）Mk2H弹射座椅，该座椅带有复式锥形减速装置。

◆1951年7月，"猎人"原型机进行了首飞，生产型F.Mk1飞机在1954年开始投入服役。

◆生产了超过650架1-5型号的"猎人"飞机，只有150架是由蓝宝石发动机驱动的。

◆最初把襟翼用作气动减速板，但它引起了控制问题。

◆"猎人"原型机安装了再加热和其他改进装置，企图创造世界空速纪录。

◆1953年，"猎人"F.Mk 3飞机创造了1171千米/小时新的世界速度纪录。

◆1956年，由第54航空中队组建了第一个"猎人"F.Mk 1飞机表演队。

上图：在飞机后机身安装了一个"谷仓门"式的气动减速板，解决了主要的格斗稳定性问题。

上图："猎人"F.Mk4飞机后来在翼下挂架上能够携带8个火箭吊舱。

上图：这种"猎人"F.Mk 2和F.Mk 5飞机由一台阿姆斯特朗（Armstrong）西德利（Siddeley）的蓝宝石涡喷发动机驱动，比原型机F.Mk 1长19.05厘米。

右图：在"猎人"飞机的整个发展过程中，一直保持着它圆滑的后掠式机翼、尾部和机身外形。

霍克·西德利公司，"鹞" GR.Mk 1 / GR.Mk 3 攻击机

"鹞"式飞机是由悉尼·卡姆（Sydney Camm）在20世纪50年代晚期设计的，它成为世界上第一个V/STOL（垂直/短距起飞和着陆）战斗机。没有其他任何军用机不仅可以像直升机那样垂直升起，还像常规战斗机-轰炸机那样水平飞行。多年来，早期的"鹞"式飞机由于具有突然弹跳上天的能力，人们称呼它为"弹跳式喷气飞机"，它在垂直飞行方面尊享着垄断优势。

"鹞"式GR.Mk 1飞机在航空历史上具有特殊的地位，它是当今先进"鹞"式飞机的先祖，又是先进的F-35 JSF飞机设计灵感的源泉。当英国皇家空军在1969年开始飞行第一架服役的"鹞"式飞机时，就表明在没有常规机场的情况下，可以打一场战争。

"鹞"式GR.Mk 1飞机在英国皇家空军的德国基地服役中，取得了很大的成功，并创立了一个令人羡慕的安全纪录。20年来，装满炸弹的"鹞"式飞机时刻准备着战斗，它是冷战中的重要参与者。

上图：英国皇家空军中服役的"鹞"式飞机航空中队在英国有一个，在德国有三个。原来有71架"鹞"式GR.Mk 1飞机，随后又增加了40架GR.Mk 3飞机，该机安装了动力更强大的发动机。

上图："鹞"式飞机经常被委派到英国机动部队执勤，并定期来对挪威和北约北部侧翼的增援进行训练。

早期"鹞"式飞机的发展

■P.1127原型机：霍克·西德利公司的P.1127飞机在1961年首飞，是它证明了V/STOL战斗机–轰炸机的概念。被称作"红隼"（Kestrel）的放大型机用于在英国、德国和美国三地进行试飞。

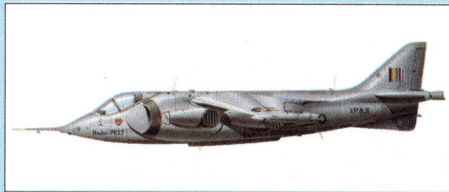

■"鹞"式GR.Mk 1/AV–8A：第一种生产型"鹞"式飞机要比原型机大而重，它进入到英国、西班牙和美国服役。美国和西班牙的"鹞"式飞机安装了皇家空军GR.Mk 3飞机上的更强大的发动机。

■"鹞"式GR.Mk 3：动力强大的GR.Mk 3飞机安装使用了更好的攻击系统。47架美国海上陆战队的AV–8A"鹞"式飞机，一直服役到1987年，后来被升级为AV–8C标准型，其具有更坚固的机体结构、更好的电子和通信设备。

上图："鹞"式飞机证明了在海上无须常规航母就可以使用高性能喷气机的概念。这里给出的是：一架早期的"鹞"式飞机正在使用它的矢量推力，在直升机巡洋舰英国皇家海军舰艇布莱克（HMS Blake）上垂直着陆。

上图："鹞"式飞机垂直起降的惊人能力，使它的用户从使用飞机跑道的专用场地上解放了出来，从汽车停车场到森林空地的任何地方都可以作为飞机的活动基地。

下图："鹞"式GR.Mk 3飞机长长的机头内安装有费伦蒂（Ferranti）雷达测距仪和标定目标的搜索器，它们通过一个基于地面的指示器能够搜寻和探测由目标反射回来的信号。

霍克·西德利公司，"猎迷" MR 侦察机

1964年，霍克·西德利公司（现在是英国航空公司的一部分）开始研发一种基于"彗星"（Comet）4C飞机的海上侦察机，用来替代皇家空军破旧的沙克尔顿（Shackleton）军机。"猎迷"飞机具有明显的鼓胀机身、一个垂尾尖部的雷达罩以及一个安装电磁异常探测（MAD）设备的尾桁。尽管它很不漂亮，但它可能是世界上最好的海上反潜（ASW）飞机，在性能上优于洛克希德的P-3"奥利安"（Orion）和布鲁古特（Breguet）的"大西洋"（Atlantic）飞机。从1969年"猎迷"飞机就为皇家空军英勇地服役。在1982年马尔维纳斯群岛冲突和1991年海湾战争中，"猎迷"飞机相对基本型做出了改进。

皇家空军有3架"猎迷"飞机用于极不同的电子情报（ELINT）收集工作，通过高技术的"黑匣子"系统探听敌方的活动，其中一架在1995年失事坠毁了。计划研制一种空中早期预警"猎迷"飞机，实际上是一种飞行雷达站，但是一直没能克服技术上的困难。于是，英国购买了波音的E-3"望楼"（Sentry）预警机上的机载报警与控制系统（AWACS）予以替代。

现在"猎迷"飞机逐渐老化并慢慢趋于退役，但是它将会依然服役到21世纪。

MR.Mk 2 性能参数

类　　型：	远程海上巡逻机
动　　力：	4台罗尔斯·罗伊斯RB.168-20斯贝（Spey）Mk250发动机，每台发动机在干燥环境下的动力为54.00千牛推力
最大飞行速度：	926千米/小时
巡航速度：	880千米/小时
转场距离：	9266千米
实用升限：	12800米
重　　量：	空机重量38937千克；装载后重量87091千克
武　　器：	能够携带"刺鳐"（Sting Ray）鱼雷、"鱼叉"（Harpoon）或"响尾蛇"（Siderwinder）导弹
装载容量：	机组成员一般12~16人；通用电气公司（GEC）的核心战术系统，荆棘（Thorn）公司的EMI水上搜索雷达；声学传感器；先进的通信设备
尺寸大小	翼展 35.00米
	机长 38.63米
	机高 9.08米
	机翼面积 197.04平方米

左图：目前正在考虑替换"猎迷"飞机，但是很不容易找到一种同时满足下列特性的飞机：带有尖端设备，具有远程性能并具有在海上低空恶劣条件下飞行的能力。

上图："猎迷"飞机在马尔维纳斯群岛战争期间获得了发射"响尾蛇"导弹的能力，但该机从来没有使用过这种导弹。

"刺鳐"（Sting Ray）鱼雷

"猎迷"飞机主要的反潜武器是"刺鳐"轻型鱼雷。"刺鳐"既可以在舰船上发射，也可以在飞机上发射。它与程序化的制导系统结合在一起，具有聚能爆破的强大爆炸威力，其设计目的是用来穿透冷战时期苏联潜艇的双层壳体。

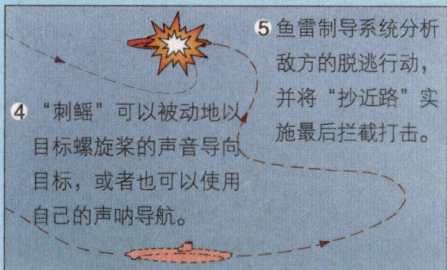

1 "刺鳐"鱼雷使用了一个带有尾椎的降落伞，保证它能以合适的搜索角进入到水里。

2 进入水中后，鱼雷一直作绕圈运动直到它获得目标位置。

3 然后"刺鳐"静静地加速，奔向敌方的潜艇。

4 "刺鳐"可以被动地以目标螺旋桨的声音导向目标，或者也可以使用自己的声呐导航。

5 鱼雷制导系统分析敌方的脱逃行动，并将"抄近路"实施最后拦截打击。

上图："猎迷"飞机跟随雷达的追踪，接近到这艘"考特林"（Kotlin）级的驱逐舰附近进行目视检查。

上图：劳若尔（Loral）电子支援测量吊舱能使"猎人"飞机分析雷达和无线电信号，这些信息然后被编程输入到专用计算机的威胁库里。

下图："猎迷"飞机的水上搜索雷达工作得非常好，具有满意的航程和辨别能力。它可以在波浪滔滔的水域中发现一个小小的潜望镜，并能识别出一个位于很远位置的小型船只。

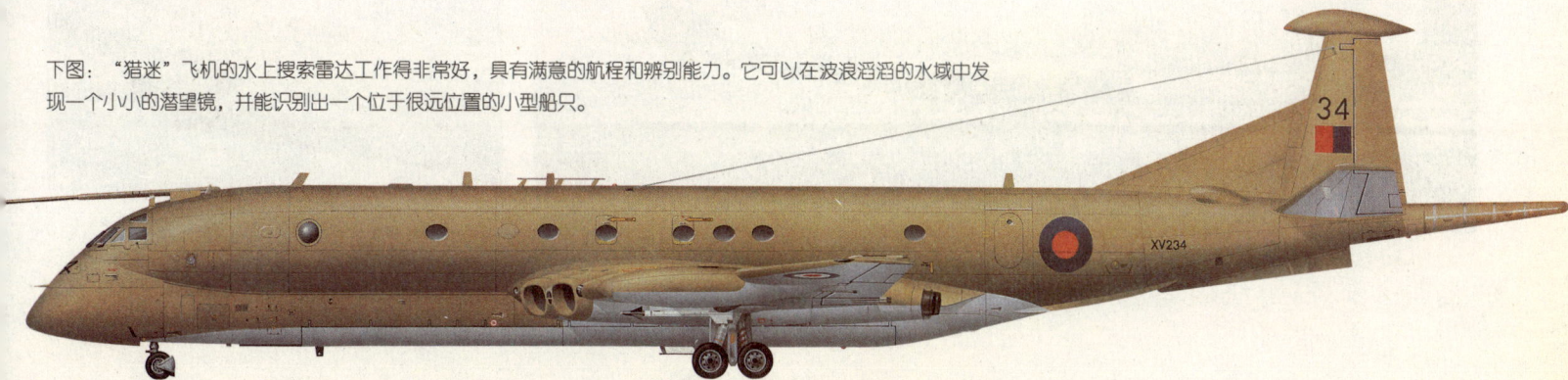

霍克·西德利公司，"猎迷" R.Mk 1 电子战机

"猎迷" R.Mk 1作为"猎迷"海上侦察机型，是专业的电子情报搜集飞机。这种型号于20世纪70年代早期因冷战需要而研制，其任务是在华约国家外围进行空中巡逻，以记录下地面和空中雷达以及其他发射器发出的信号。同时对通信进行监视。与海上侦察机"猎迷"相比，R.Mk1携带了更多的无线电传感器。这些飞机的机身上和翼身油箱上安装有多种天线，但是尾翼上没有装磁异常探测器。在1982年南大西洋的行动中，飞机添加了空中加油探管后，被定名为R.Mk 1P，之后还经过了其他改进。

R.Mk 1有25名以上的机组成员。1982年马岛战争中，这种飞机从南美大陆起飞作战。1991年海湾战争中，这些飞机驻扎在塞浦路斯的英国皇家空军阿克罗提里基地。1995年后，这些飞机和皇家空军的E-3D"哨兵"空中预警机一起驻扎在皇家空军威丁顿基地。

R.Mk 1P 性能参数

类　　型：电子情报飞机
发动机：4台54.00千牛推力罗尔斯·罗伊斯RB168-20"斯贝"Mk 250涡轮风扇发动机
最大飞行速度：926千米/小时
续航时间：一般12小时；无空中加油时最长达到15小时；经一次空中加油达到19小时
空载转场航程：5000千米
实用升限：12800米
重　　量：正常空重39010千克；正常最大起飞重量80514千克
容　　量：25～28名机组成员
外形尺寸：翼展 35.00米
　　　　　机长 36.60米
　　　　　机高 9.08米
　　　　　机翼面积 197.04平方米

上图：R.Mk 1P-XW666于1995年5月坠毁，英国皇家空军于1997年5月接收了一架新的XW249。

上图："猎迷"在"彗星"客机的基础上进行了很大改装，后来又进一步改进到R.Mk 1标准。

"猎迷"的不同机型

■MR.Mk 1："猎迷"原型机于1967年首飞，随后46架生产型 MR.Mk 1于1969年进入英国皇家空军服役。这种机型最终装备了 5个飞行中队。

■MR.Mk 2：从1975年起，剩下的35架MR.Mk 1被升级到 MR.Mk 2标准，改进了专业设备。1979年，第一架飞机被重新交 付给皇家空军。

■AEW.Mk 3："猎迷"AEW.Mk 3在20世纪80年代计划改为空 中预警机，但因技术上的困难和不断上升的造价而被取消。

■"猎迷2000"："猎迷"仍然是英国皇家空军的标准海上侦察 机。约有20架改装了新型的发动机、专业设备和武器。

上图：英国皇家空军的R.Mk 1P飞机于1974年开始服 役，在冷战中广泛用于探查苏联的防御。这些任务至 今仍未公开。

上图："猎迷"R.Mk 1P与其海上同类机的主要区别在 于，机尾没有磁异常探测器。

下图：为了1982年马岛战争中的作战行动，全部三 架"猎迷"R.Mk 1都加装了空中加油导管，因而在代 号后加上了一个"P"。对于R.Mk 1的长时间飞行而 言，加油机支援的价值是难以估量的。

137

上图：R.Mk 1的活动非常保密，1982年马岛战争中，这些飞机从智利起飞执行电子情报搜集任务。

上图：R.Mk 1P的传感器包括多种用于接收信号的接收器。当年，为了精度地沿苏联边界飞行，机上还安装了一套综合导航系统。

左图："猎迷" R.Mk 1配备了极为先进的传感器，机上有25名机组人员，其中很多是判断力强、技术高超、经验丰富的传感器操作员。

下图：R.Mk 1所属的第51飞行中队在皇家空军怀顿基地驻扎了20多年，后来搬到了威丁顿。

航空航天公司，"海鹞" FRS.Mk 1 攻击机

"海鹞"并不是陆基飞机，它以"鹞"式GR.Mk 3为基础，专为皇家海军20000吨级轻型反潜作战航空母舰而设计。

"海鹞"于1980年服役，1982年参加马岛战争，执行了防空、攻击和侦察任务。在南大西洋上，两支装备有"蓝狐"雷达和"响尾蛇"导弹的"海鹞"飞行中队分别配属皇家海军"赫耳墨斯"号和"无敌"号，以22次空战胜利且无空战损失的战绩胜利归来。"海鹞"是皇家海军唯一一种固定翼作战飞机。"海鹞"也在印度海军的航母上服役，被命名为FRS.Mk 51。印度海军在"海鹞"上装备了以色列产雷达和主动雷达导弹，以获得远程空战能力。

左图：1975年英国皇家海军首次订购了"海鹞"作为多功能的舰载战斗机。起初并没有受到重视的"海鹞"可以执行侦察、反舰攻击和防空任务，在马岛战争中，充分证明了自己的实力。"海鹞"在升级了雷达和导弹后出口到印度。

上图："海鹞"在地面用仿斜坡式甲板训练，短距起飞比垂直起飞可使战机携带更多燃油和武器。

摧毁机场:"海鹞"以低空飞行避开了阿根廷战斗机和35毫米防空炮,使用集束炸弹击中了一架地面的阿根廷军用航空公司的"普卡拉"轻型攻击机。

"响尾蛇"打击:以色列制的"短剑"速度比"海鹞"快,但是飞行员技术与致命的"响尾蛇"导弹的完美结合导致阿军11架"短剑"被摧毁。

突然袭击:"海鹞"在肯特山上空伏击了阿根廷的意大利阿哥斯塔公司产的09和"美洲狮"直升机,对其进行低空扫射。

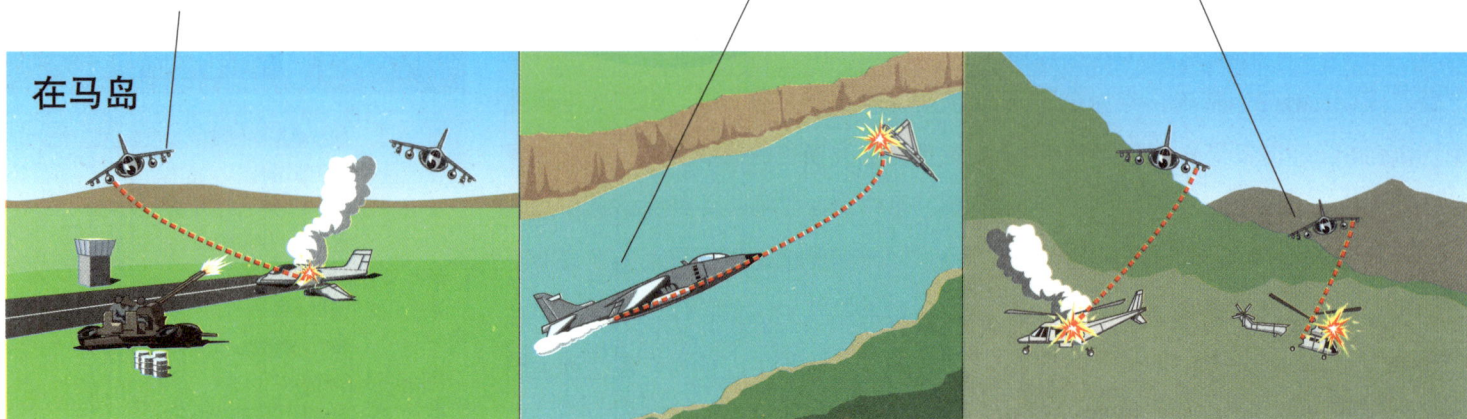

在马岛

右图:"海鹞"配备先进的电子系统和平视显示器。这是现役战斗机上最好的设备。

左图:"海鹞"的座舱较高,更多的空间用来安装航空电子设备。FRS.Mk1的重要组件上都涂有防雨雪保护层。

下图:"海鹞"的两个30毫米口径机炮吊舱悬挂于机身下方。在机翼下,每个外挂架都装有两枚AIM-9L"响尾蛇"热追踪空-空导弹。

上图:"海鹞"飞行学员在双座"海鹞"T.Mk 4上训练飞行技术,而在安装有"蓝狐"雷达的"猎人"T.Mk 8上进行高级拦截训练。

◆在麦克唐纳·道路拉斯公司的"鬼怪"FCR.Mk 2退役后，"海鹞"填补了皇家海军现役中的空白。

◆"海鹞"可以携带"海鹰"反舰导弹或一枚核弹。

◆印度拥有26架装备有马特拉公司的550导弹的"海鹞Mk 51"。

◆第一个"海鹞"作战飞行中队是1980年在皇家海军舰艇"无敌号"上的第800中队。

◆在马岛战争中共损失了6架"海鹞"，但都不是空战损失。

◆皇家空军的FRS.Mk 1已经升级到了F/A.Mk2标准。

上图：印度是"海鹞"的唯一国外客户，它这些能力强大的飞机配属到"维拉特"号和"维克兰特"号航母上使用。而英国皇家海军的"海鹞"在"无敌"号、"卓越"号和"皇家方舟"号航母上服役。

左图：这五架"海鹞"配备"响尾蛇"导弹和翼下副油箱。

下图："海鹞"BV 138MS型飞机昵称"捕鼠飞机"，机炮移除后，被用作海峡扫雷任务。

左图：在执行空中巡逻任务时，"海鹞"的主要空-空武器是AIM-9L"响尾蛇"红外线制导导弹。

141

航空航天公司，"鹰"式教练机

英国航空航天公司（起初的霍克·西德利公司）研制的外形优美、功能强大的"鹰"，最终成为皇家空军的标准教练机。"鹰"简洁实用，具有军用喷气机的强大性能。许多国家的空军目前都使用"鹰"，而美国海军也在使用麦克唐纳·道格拉斯公司特许制造的T-45"苍鹰"教练机。

驾驶"鹰"就像驾驶最新最快的战斗机一样，因而战斗机型也就出现了。对一些无法承担昂贵喷气机费用的小型空军而言既可以将"鹰"用作教练机，又可以用作战斗机。

尽管"鹰"与米格-25或F-15不属一类，但是具有轻型战斗机的潜力。"鹰100"双座机是一种具备各种军事能力的教练机。

T.Mk 1A 性能参数

类　　型：双座教练机/轻型战斗机
发 动 机：1台23.34千牛罗尔斯·罗伊斯/透博梅卡公司"阿杜尔"Mk 151-01涡轮风扇发动机
最大飞行速度：在海平面时，1040千米/小时
航　　程：携带两个副油箱时，2500千米；携带1360千克弹药时，作战半径1038千米
实用升限：14000米
重　　量：空重3990千克；最大起飞重量7755千克
武　　器：两枚AIM-9L"响尾蛇"空-空导弹，加上近500千克弹药；最大负载3000千克
外形尺寸：翼展 9.39米
　　　　　机长 11.17米
　　　　　机高 3.99米
　　　　　机翼面积 16.69平方米

上图：向目标发射SNEB火箭弹是皇家空军飞行员战术武器课程的一部分。"鹰"能携带4个火箭弹吊舱

左图：能被英国皇家空军和世界上14个国家空军作为高级教练机，包括美国海军也用作舰载高级教练机，说明这种令人激动的"鹰"式喷气机是世界上最成功的高级教练机。现在"鹰"式教练机已发展成一个系列。

"鹰"家族

上图："鹰"在皇家空军除了作为高级教练机外,还可作轻型战斗机,它可装备热追踪导弹和外挂30毫米机炮吊舱。

■"鹰"T.MK 1是一种基础型双座教练机,既能用于飞行员调整过渡喷气机训练,也能用于他们使用武器的训练。这种机型能携带多种武器,但未安装传感器,只有最基本的航空电子设备。

■"鹰100"是一种更先进的双座教练机和轻型攻击机,安装有供选择的前视红外系统。其座舱比基础型更先进,机翼带有额外的挂架。

上图:拥有机身为褐色与沙色间隔的迷彩,能够与沙漠融合深装的沙特阿拉伯是"鹰"的最大用户。

■"鹰200"是家族中最先进、杀伤力最强的。尽管不比其他"鹰"飞机更大,但是安装有多种传感器,包括雷达和激光测距仪,能投射多种武器。

■T-45"苍鹰"被美国海军用作21世纪的战斗教练机。这种飞机以"鹰"为基础,安装了升级的系统,一个着陆阻钩和韧性更强的起落架能够在航母上的起降。

右图:"鹰"的座舱装有两套马丁-贝克弹射座椅。座舱顶部有微型引爆线。在弹射座椅发射前,座舱会被炸开。

◆1971年8月21日，"鹰"进行了首次飞行。88架"鹰"经过改进，可携带"响尾蛇"导弹，并被命名为"鹰"T.Mk 1A。

◆"红箭"表演队从1979年开始使用"鹰"。

◆皇家空军第100飞行中队使用"鹰"作拖靶飞行。拖曳设备连接在机身下方。

◆"鹰"教练机被出口到中东、非洲、欧洲和远东地区。

◆荷兰购买了50余架由瓦尔梅特公司组装的"鹰"Mk 61。

上图：瑞士空军选择"鹰"来替代陈旧的"吸血鬼"教练机。"鹰"可以训练飞行员驾驶从使用涡轮螺旋桨的PC-7到大型的F/A-18"大黄蜂"等各种飞机。

左图：著名的"红箭"特技飞行队在一次航展中表演编队翻转飞行。

上图：在海湾战争中，科威特的"鹰"参加了对伊拉克在科威特境内阵地的轻型攻击。这架"鹰"教练机在科威特的邻国阿联酋服役。

上图：T-45"鹰"准备升空时。美国海军用于舰载的"鹰"式机型出口到15个国家。

上图：舒适的"鹰"式座舱兼有学员从初级训练开始就熟悉的简洁，同时又具有他们渴望驾驶的高级作战喷气机的特点。

欧洲战斗教练和战斗支援飞机制造公司，
"美洲虎" GR.Mk1/GR.Mk1B 轰炸机

欧洲战斗教练和战斗支援飞机制造公司的"美洲虎"战斗机，作为英法合作的一个项目，是英国飞机公司（现英国航空航天公司）与达索–布雷盖公司合作的成果。1968年9月8日首飞，开始时只是一种单座攻击机，全天候作战性能有限。原计划是在法国空军和英国皇家空军服役。法国的"美洲虎A"于1972年服役。

皇家空军的第一架GR.Mk 1于1973年5月交付。作为装备精良的战术攻击机，它的配置包括：一台惯性导航系统、一台平视显示器和一台激光测距仪。1983年导航系统进行了更新换代，由此而诞生的是GR.Mk 1 A。其中一些飞机能够执行侦察任务。

GR.Mk 1B和双座的GR.Mk2B于1995年研制完成，配备了TIALD（热成像和激光指示系统）吊舱。这使"美洲虎"可以发射自己的激光制导武器。

下图："美洲虎"安装了一个可伸缩的空中加油探针导管，极大地提高了航程。

右图：当法国的飞机和英国皇家空军的飞机一同前往波斯湾参加"沙漠风暴"行动时，"美洲虎"在服役生涯中已经在走下坡路了。但波斯湾战争以后，英国皇家空军配备了TIALD热成像和激光吊舱的新机型GR.Mk 1B进入服役。

GR.MK 1A 性能参数

类　　型：单座攻击轰炸机
发 动 机：2台35.77千牛推力罗尔斯·罗伊斯/透博梅卡公司的"阿杜尔"Mk 104加力式涡轮风扇发动机
最大飞行速度：在高空中1.5马赫或1690千米/小时
作战半径：在中途加油情况下，852千米/小时
实用升限：14020米
重　　量：空机重量7000千克；满载重量15422千克
武　　器：2门30毫米ADEN机炮和112枚A1M–9L在翼上挂架空–空导弹，再加上最多4534千克的5个挂架上的存储仓。
外形尺寸：翼展 8.69米
　　　　　机长 15.52米
　　　　　机高 4.92米
　　　　　机翼面积 24.18平方米

右图：这架GR.Mk 1携带了8枚454千克炸弹，这与战时 B-24 "解放者" 轰炸机的载弹量相同。而更常见的配置包括箔条弹和红外曳光弹散布系统吊舱、油箱和一对红外制导导弹。

下图：在海湾战争中，机头的绘画图案是皇家空军飞机的一个特征。这个图案描绘的是伊拉克前领导人萨达姆·侯赛因的漫画。飞机座舱下面的炸弹图标分别代表飞机执行过的飞行任务。

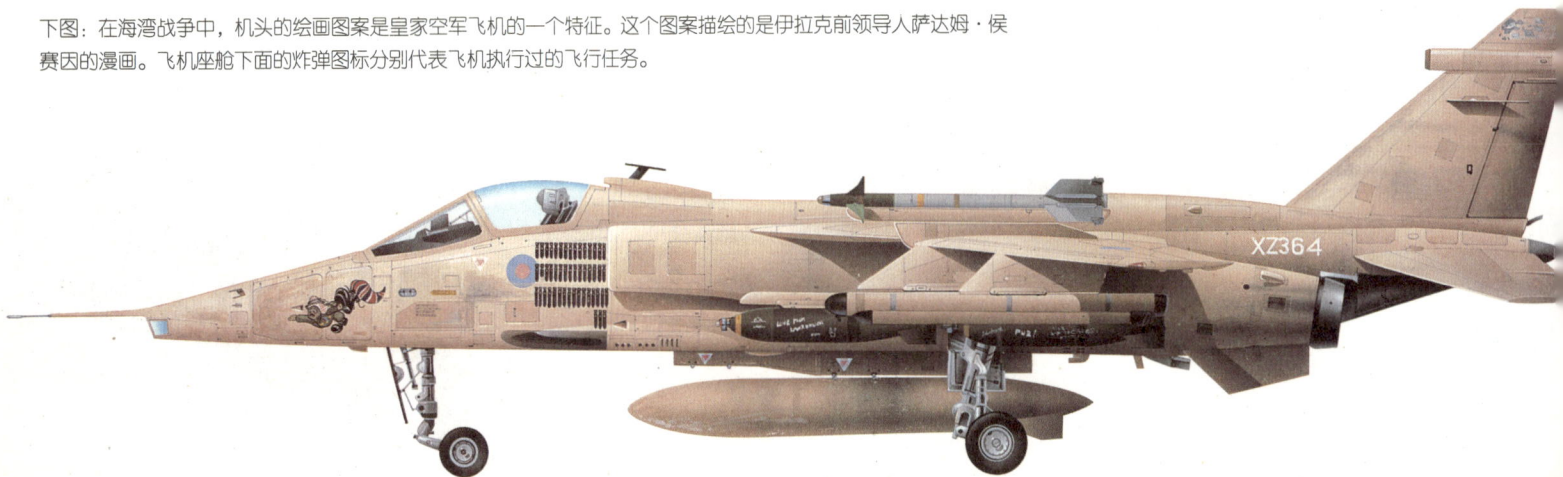

◆冷战时期在假想的"前线"德国，部署了多达5个英国皇家空军"美洲虎"空军中队。

◆在德国一架"美洲虎"曾被英国皇家空军的一架"鬼怪"式意外击落。

◆海湾战争中使用的"美洲虎"装备有普通炸弹、集束炸弹和火箭弹。

◆在"沙漠风暴"行动中，12架英国皇家空军的"美洲虎"在1991年6—7月间共出动618架次。英国皇家空军的"美洲虎"在本土的基地为英国皇家空军科尔蒂瑟尔空军基地，该基地有三个空军中队。

◆一架英国皇家空军"美洲虎"在10米的高度被导弹击中后幸存下来。

上图：携带集束炸弹的"美洲虎"从高速公路上起飞。

右图：最初进入英国皇家空军服役时，"美洲虎"用于执行核攻击、侦察和一般攻击任务。当今只有最后一种任务可以用到"美洲虎"了。

左图：飞行员座舱的舱内设置。这是20世纪70年代战斗轰炸机的典型配备。

欧洲战斗机联合体， EF2000

由英国、德国、意大利和西班牙四个国家联合研制、融入了20世纪航空科学的全部重要成果的EF2000，注定会成为21世纪战斗机中的佼佼者。它将是新世纪中5年内欧洲航空工业的重要里程碑和国防的重要支柱，也将依靠新技术在未来空战中取得高科技的胜利。

欧洲国家为了共同的防御目的，合作研发了这种融合各国顶级技术，拥有先进发动机、雷达、作战子系统、武器系统和航空小设备的多用途战机，充分证明了这些国家的远见。最初的设想比生产出来的EF2000还要先进，只是德国对于过于昂贵的造价提出反对，才使各国同意建造一种造价相对较低的EF2000。尽管如此，融汇了高科技的EF2000仍是当今世界上最好的多用途战机，也是未来多年内欧洲新一代战机的支柱。

EF 2000 性能参数

类　　型：高性能喷气式战斗机
发 动 机：2台60.02千牛推力"欧洲喷气式"EJ200发动机，使用加力后可增至90.03千牛推力
最大飞行速度：在6096米高空，2马赫以上或2125千米/小时
作战半径：最大武器载荷时，近556千米
重　　量：空重9750千克；最大载荷时21000千克
武　　器：6500千克弹药，包括近8枚导弹，如"天空闪光"、先进中程空-空导弹、先进短程空-空导弹或"响尾蛇"导弹，外加一门27毫米的速射机炮。
外形尺寸：翼展 10.50米
　　　　　机长 14.50米
　　　　　机高 4.00米
　　　　　机翼面积 50平方米

上图："欧洲战斗机"将在未来30年中，作为欧洲防空的支柱，提供极其精确的打击能力。

左图：战斗机技术验证（EAP）表明了，前翼的布局和电传飞行控制将造就一种性能卓越的战斗机。

当今的超级战斗机

■苏霍伊设计局的苏-27"侧卫"：这是具有争议的目前现役中最好的战斗机之一，"欧洲战斗机"的性能强于目前正在研制中的苏-27后继机型。

■达索公司的"阵风"：法国退出"欧洲战斗机"计划后开始独立研制"阵风"，它在设计上与"欧洲战斗机"相似，但更为轻巧。

■瑞典航空航天工业集团JAS 39"鹰狮"："鹰狮"无尾三角翼鸭式前翼战斗机体积更小，单引擎。

■洛克希德公司的F-22"猛禽"：F-22融入了大量的隐形技术，是新一代战斗机中性能最强大的。但造价极为昂贵。

上图：后部的三角翼和"鸭式"前翼，使"欧洲战斗机"在各种高度下，都具有高超的机动性能。

上图：EF2000符合英国、德国、意大利和西班牙空军的各种苛刻要求，是真正的多用途战斗机。

右图："欧洲战斗机"座舱左边安装有一个红外搜索与跟踪被动传感器，能够同时对多个目标进行探测和跟踪。

◆ "欧洲战斗机"的飞行速度比一颗9毫米手枪子弹初速快1倍。

◆ "欧洲战斗机"速度快、升限高，能进行大仰角飞行以取得近距离格斗的胜利。

◆ "欧洲战斗机"能同时跟踪12个目标，并一次与其中6个交战。

◆20世纪80年代末，"欧洲战斗机"的某些特性就在英国航空航天公司的战斗机技术验证（EAP）机上测试过。

◆与多数新一代的战斗机相同，EF2000使用前翼改善性能。

上图：欧洲战斗机联合体的EF2000具有速度快、灵活性强、潜力巨大等特点，它融汇了尖端技术，使欧洲有了一种灵活性最强的新一代超级战斗机。

上图：罗尔斯·罗伊斯公司和奔驰公司为首的经验丰富的公司制造了"欧洲战斗机"的EF2000发动机。

上图："欧洲战斗机"从外形看并不奇特，但机身和发动机设计融入了最新科技成果，使用了最新航空电子、隐形和武器的新技术。

帕那维亚公司, "狂风" GR.Mk 1B/GR.Mk 4 攻击机

对英国皇家空军一线作战能力的评估开始于20世纪90年代。没有资金用于开发新的攻击机，而只对现有的"狂风"战机进行升级改造。驻扎在苏格兰洛西茅斯的第12和第716中队配属了GR.Mk 1B，它配备了"海鹰"反舰导弹，取代已退役的"北欧海盗"飞机。而GR.Mk 4与Mk 1B相比，加装了平面和下视显示器。1998年GR.Mk 4服役时全新的功能可以媲美美俄最新技术的战机，但最终仍全被"台风"取代。

上图：共有142架GR.Mk 1/1A升级为GR.Mk 4，从而使英国皇家空军的攻击能力大为提高。

右图：配备了"海鹰"反舰导弹的"狂风"取代"北欧海盗"用于海上任务。

GR.MK 1B 性能参数

类　　型：海上攻击机
发 动 机：两台71.16千牛推力的涡轮联盟公司
　　　　　RB.199-34R加力式涡轮喷气发动机
最大飞行速度：在海平面上1482千米/小时
作战半径：1335千米
实用升限：24000米
重　　量：空重13600千克；最大起飞重量27210
　　　　　千克
武　　器：两门27毫米毛瑟机炮，两枚安装在机
　　　　　身上的"海鹰"反舰导弹，外加AIM-
　　　　　9L"响尾蛇"空-空导弹或其他武器装备
外形尺寸：翼展（掠翼）8.60米
　　　　　翼展（非掠翼）13.90米
　　　　　机长 16.70米
　　　　　机高 5.79米
　　　　　机翼面积 30.00平方米

不断改进中的英国著名战机

■ "鹞" GM.Mk 7：不断地更新使 "鹞" 成为当今世界上性能最佳的攻击机之一，它能够在夜间完成攻击任务。

■ "美洲虎" GR.Mk 1 A：导航设备和电子攻击设备的改进使 "美洲虎" 一直能在英国皇家空军服役。

■ "狂风" F.Mk 3 ADV：根据海湾战争的经验，对防空型飞机的改进包括在机翼前缘增加雷达波吸收材料（RAM）。

上图：在一个技术发展突飞猛进的时代，黑夜的掩护是攻击机最后的避难所。"狂风" 备受赞赏的飞行员配备了头盔夜视仪。

下图 "狂风" 独一无二的设计是将油箱安装在垂直尾翼内，加上机翼下方的2250升的副油箱，"狂风" 可以从长距离奔袭攻击。

◆ "狂风" GR.Mk 4原型机1993年5月29日在英国航空航天公司沃顿设备厂首飞。

◆1994年7月14日，政府批准对142架原型机进行更新。

◆ "狂风" GR.Mk 4于1998年在英国皇家空军服役。

◆两个座舱都与头盔夜视仪兼容，飞行任务能够在完全黑夜条件下进行。

◆GR.Mk 4的主要特征是在机头下腹部带有一个整流罩。

◆全球定位系统帮助飞机导航。

上图："狂风"经过改进的航空电子设备与远距离防区外发射导弹相配套，能够从远距离处攻击并摧毁敌人。

上图：在执行海上任务时，GR.Mk 1B"狂风"能够携带射程超过92千米的"海鹰"反舰导弹。

下图："狂风"改进后的机型保留了飞行员所期待的所有优良操纵性能。

上图："狂风"具有极佳的性能，但在新的型号中仍然对涡轮风扇发动机进行了更新。

上图："狂风" GR.Mk 4是一种理想的截击机，海外市场对这种飞机的关注也在提升。

帕那维亚公司，"狂风"防空型战机

在英国皇家空军服役的被叫作"狂风"F.Mk3的"狂风"防空型飞机是世界上最有能力的远程拦截机之一。飞行员和雷达操作员被安全带系在苗条优美的带着充足空间和视野的机身里面，而且机身明显在最初的"狂风"飞机对地攻击改型机的基础上加长了。

相对于它的尺寸"狂风"是相当重的，但即使在加速过程中也拥有足够的推力爬升到战斗高度。在这架动力强劲的飞机上，只用短短的765米的距离就可以完成加力起飞，这是令人难忘的经历。

尽管相当灵活，但是"狂风"飞机不是空中格斗飞机，因此无法与超级战斗机（例如苏霍伊设计局的苏-27飞机）在转弯和发动机加力战斗方面相匹敌。但是排除在近距格斗中的局限性，"狂风"防空型飞机是一种用于对付任何带有敌意的轰炸机飞行员的充分装备的优良战斗机。

沙特阿拉伯已经购买了这种外形干净并强大的拦截机，它有同样的地理需求去用于攻击来自远距离的入侵战机。阿曼的购置计划被取消了，但是从1995到2003年意大利从英国皇家空军租赁使用了24架飞机。

MR.Mk 2 性能参数

机　　型：双座远程拦截机
动力装置：2台涡轮联合RB.199-34R Mk104涡轮风扇发动机，每台额定功率为40.48千牛推力，使用加力时为73.48千牛推力
最大飞行速度：在11000米高度时为2338千米/小时
拦截半径：1800千米（亚声速）或600千米（超声速）
实用升限：21000米
重　　量：空重14500千克；负载后27986千克
武器装备：1门27毫米IWKA"毛瑟"机炮；4枚BAe"天空闪光"雷达制导导弹；4枚AIM-9L"响尾蛇"热寻的导弹（将来，防空型飞机可能携带6枚AIM-120先进中距空-空导弹）
外形尺寸：翼展（后掠）8.60米
　　　　　（展开）13.90米
　　　　　机长 18.06米
　　　　　机高 5.70米
　　　　　机翼面积 26.60平方米

左图：20世纪90年代的英国空中防卫编队由防空型飞机和波音E-3D预警机组成。E-3D将为防空型飞机成员分配目标。

右图：通过用先进的中距空对空导弹和近距空对空导弹取代长期服役的"天空闪光"和"响尾蛇"导弹，目前"狂风"飞机极好的拦截性能又已经被极大地提高了。

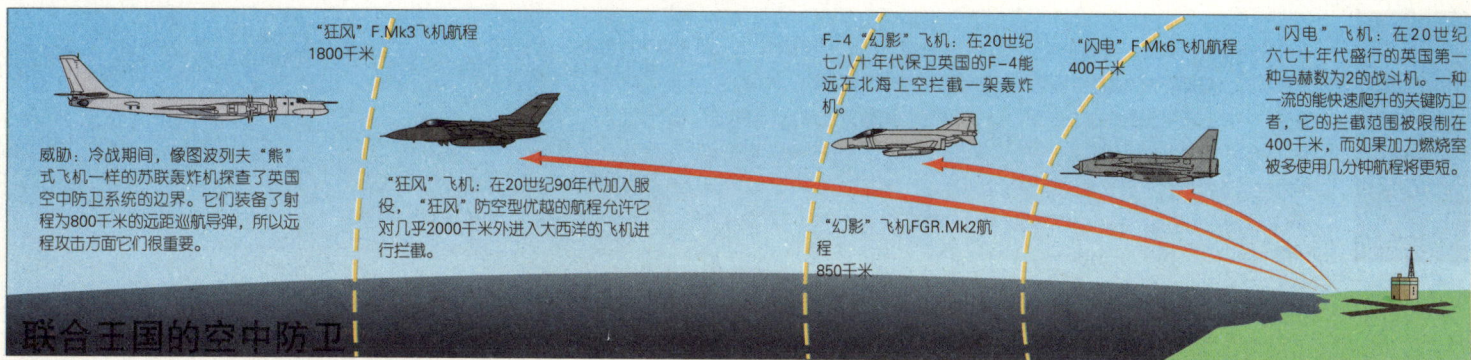

"狂风" F.Mk3飞机航程
1800千米

F-4 "幻影" 飞机：在20世纪
七八十年代保卫英国的F-4能
远在北海上空拦截一架轰炸
机。

"闪电" F.Mk6飞机航程
400千米

"闪电" 飞机：在20世纪
六七十年代盛行的英国第一
种马赫数为2的战斗机。一种
一流的能快速爬升的关键防卫
者，它的拦截范围被限制在
400千米，而如果加力燃烧室
被多使用几分钟航程将更短。

威胁：冷战期间，像图波列夫 "熊"
式飞机一样的苏联轰炸机探查了英国
空中防卫系统的边界。它们装备了射
程为800千米的远距巡航导弹，所以远
程攻击方面它们很重要。

"狂风" 飞机：在20世纪90年代加入服
役，"狂风" 防空型优越的航程允许它
对几乎2000千米外进入大西洋的飞机进
行拦截。

"幻影" 飞机FGR.Mk2航
程
850千米

联合王国的空中防卫

左图："狂风" 飞机是英国远
程攻击和空中防卫能力的中流
砥柱，而且它的飞行员和领航
员都是世界上受培训最好的。

上图：防空型飞机是衍生自这种攻击改型机，但是有一个更长的可以容纳额外的燃
油的机身和一个容纳 "猎狐者" 雷达的更长的机头。

下图：防空型飞机仅有一门27毫米机炮，因为左舷机
炮舱已经被一个空中加油探头代替。

ROYAL SAUDI AIR FORCE

2907

155

◆在1976年，据披露，英国皇家空军订购的385架"狂风"飞机中的165架将成为拦截机。

◆最终的"狂风"F.Mk3拦截机第一次飞行是在1985年11月20日。

◆在1993年3月24日最后的防空型飞机被交付给英国皇家空军第56中队。

◆"狂风"F.Mk3飞机引进了一个使机身增长36厘米的加长的加力燃烧室。

◆防空型飞机的拦截雷达是GEC-马可尼AI.Mk24"猎狐者"。

◆6架沙特的防空型飞机和38架英国F.Mk3s飞机都装备了完整的双操纵系统。

上图："狂风"飞机最初被设计作为一种低空攻击战斗机，虽然它是世界上最快的飞机之一。但是由于发动机被制造成提供低空推力，因此在高空，它的表现没有预期的那样好。

上图：防空型飞机被设计用于在远离英国海岸执行战斗空中巡逻和拦截轰炸机。它有一个非常长的续航时间和一个大功率的高尖端雷达。

右图：沙特阿拉伯是该防空型飞机唯一的其他用户，其同F-15"鹰"式飞机一起使用。

左图：1991海湾战争期间"狂风"飞机保卫着沙特的领空，而且在2003年入侵伊拉克期间，该机纵深打击了伊拉克领空。

帕那维亚公司，"狂风"GR.Mk1多用途战斗机

"狂风"GR.Mk1飞机在1991年海湾战争中执行过最危险的空中任务。从沙漠的夜空疾驰而过，离地面高度不足60米，它们的目标是受到重点保护的伊拉克军用机场的跑道。它们任务中危险的自然环境反映在这个事实中——在所有参加沙漠风暴军事行动的飞机中，英国皇家空军的狂风GR.Mk1飞机损失最大。

上图：JP233不是轻量级的。6米长并且2335千克重，它需要一种像"狂风"飞机一样强大的飞机来携带它的一对弹箱。

左图：最现代化的装备为飞行员在低空飞行提供了帮助。操纵是高度自动化的，飞机的地形跟随雷达保证了持续的维持与地形地貌的跟随性。

157

"狂风"飞机的任务

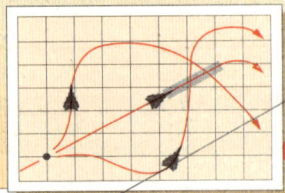

武器是被设计用于穿入飞机跑道并炸成坑。

起点：离目标大约10千米"狂风"飞机到达最初位置或起点。这是炸弹开始轰炸的开始，这完全是自动的。

武器投放：计算机控制的火控系统不断地监控飞机速度、高度和位置，计算出用于打击目标投放武器的准确瞬间。

沉降攻击：通常包括4架多样的飞机间隔几秒相距数百米进行攻击，经常从不同方向，针对敌方空中防卫给目标制造更多的困难。

逃跑：为了缩短耗费在探测上的时间并远离目标防卫武器的射击范围，武器一被投放完，"狂风"飞机就以大约直线的方式全速撤退。

上图：德国的MW-1武器装配了一个用于攻击地面目标的反装甲和杀伤性子母弹的综合体。相似的英国的JP233是一种专门设计的用于使跑道表面布满凹坑的机场攻击武器。

上图："狂风"飞机被设计用于超低空快速飞行。当它在一个30米的沙漠干涸河道上迅速飞过时，这架"狂风"飞机的驾驶员座舱外的视景显示了飞行高度有多么低。

右图："狂风"飞机的多模式雷达是它最初的导航盒攻击系统。雷达后面是一个凿形舱，安装着激光探测器，在投放精确制导武器时使用。

◆在"沙漠风暴"战争的前3天晚上，"狂风"飞机出动了63架次，投掷了JP233型反跑道炸弹。

◆攻击的机场包括阿尔阿萨德（Al Asad）、H-2、H-3、舒艾巴（Shaibah）、塔利尔（Tallil）、阿尔塔卡杜姆（AL Taqaddum）和欧拜岱（Ubaidah）机场。

◆在前5天内损失了4架"狂风"飞机，但是仅有1架携带了JP233型反跑道炸弹。

◆在战斗中损失了6架英国皇家空军的"狂风"飞机，5名机组人员被杀，同时7名被俘虏。

◆英国"狂风"飞机在战争期间执行了总计1600次轰炸任务，占联军总数的1.4%。

◆英国"狂风"飞机投掷了100枚JP233型反跑道炸弹、4250枚自由落体炸弹和950枚激光制导炸弹。

上图："狂风"米格克星飞机的机头记录了3次JP233任务、23次轰炸任务和14次激光制导轰炸任务。

左图：第一次夜间任务之后返航的"狂风"飞机全体人员都满脸紧张，一起安慰没受伤的生还者。

右图：某些像乔治·皮特（插图）一样被击落后还活着的机组人员，虽然从粉碎的"狂风"飞机中逃出来了，但没想到在俘虏他们的人手中遭受了虐待。

索普维斯公司，"幼犬"战斗机

1915年年底，德国战斗侦察机水平已远远超过盟军其他国家。英国在认识到敌军的优势之后，开始着手设计"幼犬"飞机。

这款索普维斯的新战机起初命名为"侦察兵"，但由于类似于本公司斯塔特的缩小版版本，因此被起了个"幼犬"的绰号。该机的最大创新之处在于其采用了索普维斯的同步协调装备，能够使飞行员瞄准敌军整架战机，大大简化了作战过程，且在性能方面一举超过德国对手。尽管盟军的其他机型都较易成为敌军攻击目标，但"幼犬"成功地避免了这一弱点。

首批"幼犬"于1916年9月被运送到英国皇家海军航空队服役。由于"幼犬"本身是为英国皇家海军航空队设计的，政府不愿将其设计为皇家陆军航空队所用，因而尽管损失连连，"幼犬"在很久之后才服役于皇家陆军航空队。因此，皇家陆军航空队只有三支装备"幼犬"的空军中队在法国参与战争，其余"幼犬"均在本土服役。如果当时能够多引进些"幼犬"，空中优势就不会在1917年早期再次回到德国人手中。

"幼犬"（PUP）性能参数

机　　型:	单座战斗机
动力装置:	60千瓦Le Rhone气缸旋转式发动机
最大速度:	海平面速率180千米/小时
爬 升 率:	爬升至4907米高空需35分钟
实用升限:	5335米
重　　量:	空重357千克；最大起飞重量556千克
武器装备:	固定式前射7.7毫米口径维克斯机枪1挺；11.3千克库柏炸弹4只
外形尺寸:	翼展　8.08米
	机长　6.04米
	机高　2.87米
	机翼面积 23.6平方米

上图：尽管动力系统并不强大，"幼犬"仍有很好的性能表现且操纵性极佳。这主要是由于其轻型且坚固的内部结构。

左图：虽然以N6181代号出现于20世纪90年代，但是这架沙特尔沃思收藏的"幼犬"飞机是一架普通的航展表演飞机。

1916年年末的战斗侦察机

■"信天翁"D.I：德国极力维护其在战机方面的优势地位，设计出了此款战机。"信天翁"是"幼犬"的强大劲敌。

■郝伯斯塔特D.II：D.II于1916年年末停止服役，其性能远不及"幼犬"。

■纽波特17：纽波特17之前在螺旋桨上方配备有机枪，且受到盟军多位王牌飞行员的肯定。

■斯帕德 S.VII：拥有强大发动机及流线型外形的斯帕德在1916年年末大获成功。

上图：服役于英国皇家海军航空队的"幼犬"比服役于皇家陆军空军队的"幼犬"数量多，因而更加彰显出其在海军方面的优势。

上图：数架"幼犬"因机轮过窄而遭遇故障，之后在一些舰载机上更换了滑橇。

右图："幼犬"采用常规的木质和布蒙皮结构，十分坚固，因而易于进行机动。因其重量较轻，因而可以使用小动力来实现合理操纵。飞离轴式主起落架是索普维斯机型的特点。

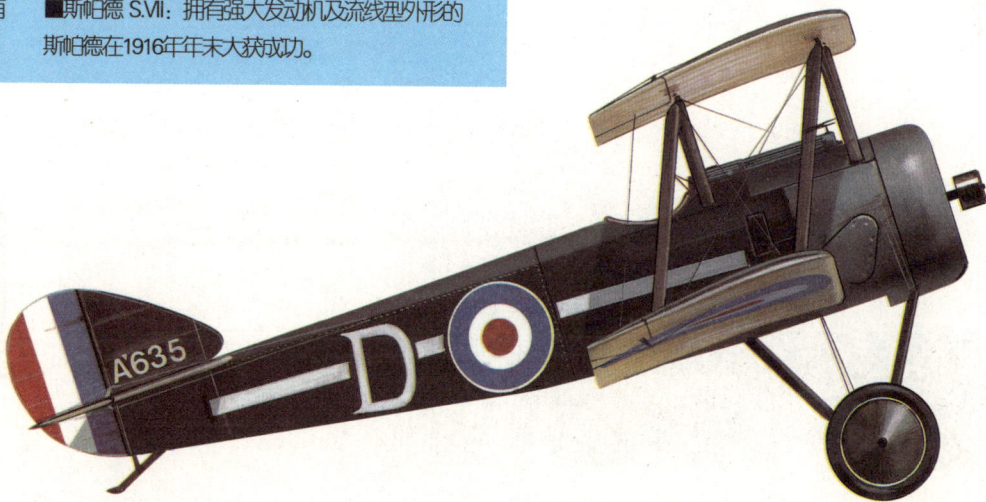

索普维斯公司，"幼犬"海军战斗机

自探险者们开始驾驶木质和布蒙皮结构的索普维斯"幼犬"飞到海上、完善在舰船甲板上操作飞机的技术之日起，海军航空就已出现。飞机发射的技巧包括：自战舰炮塔顶部安装的平台上起飞，且进行了首次甲板着舰试验。尽管试验非常成功，可称其为第一架真正意义上的舰载战斗机，但早期的海军飞行员为了这些挑战付出了很大的代价。

航空业最激动人心的创举之一便是索普维斯"幼犬"成为首架在舰船甲板降落的飞机。1917年8月2日Edwin Dunning成功地将索普维斯"幼犬"降落在HMS Furious的起飞平台上。自此之后，英国皇家海军航空队便开始探索在海上的航母上操纵飞机。

索普维斯"幼犬"成为此次挑战的理想机型。"幼犬"为小型双翼且双翼翼展相同。索普维斯于1916年进入英国飞行军团和海军服役。至今，人们提起"幼犬"只是记住了它战斗机的身份，完全忽略了其创新的前射同步机枪设计。"幼犬"面世时，在飞行高度方面优于当时所有战斗机。

海上飞行是十分危险的，试验使许多飞行员丧生。无论过去还是现在，海军飞行员都是部队中的精英人员。

"幼犬"性能参数

机　　型：单座战斗机
动力装置：60千瓦李隆气缸旋转式发动机1个或75千瓦Gnome Monosoupape气缸旋转式发动机1个
最大速度：180千米/小时
实用升限：5335米
续航时间：3小时
重　　量：空重357千克；最大起飞重量556千克
武器装备：7.7毫米口径前射同步维克斯机枪1挺；搭载11.3千克炸弹4只
外形尺寸：翼展　8.08米
　　　　　机长　6.04米
　　　　　机高　2.87米
　　　　　机翼面积　23.6平方米

左图：尽管外形看起来有些奇怪，从大炮炮塔平台上发射起飞是非常有用的，因无论船舰的状态如何，飞机均能起飞上天。

上图：在一次试飞中，"幼犬"冲下甲板落入水中，导致飞行员死亡。船上人员冲出来试图抓住飞机。

162

上图：美国海军对舰载机非常感兴趣。"幼犬"从美国"俄亥俄"号舰船上起飞后飞至古巴关塔那摩湾。此次试验是从舰船的355毫米的炮塔上起飞的。

上图：为索普维斯斯塔特11/2自巡洋舰船首的发射轨道上起飞。下部的滑橇式起落架为新增配置。

第一次世界大战时期索普维斯海军战机

■索普维斯"小报"：1914年前生产的杰出的陆基飞机，于当年进入海军服役，并被英国皇家海军航空队用于轰炸齐柏林飞艇的停放库。

■索普维斯860海上飞机：索普维斯860是单发水上飞机家族中的一员，装配有鱼雷，并于1915–1916年间用于本土巡逻。

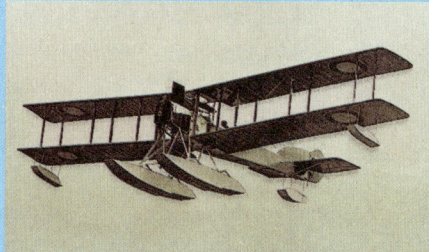

■索普维斯"宝贝"：1915–1916年间交付，主要在北海和地中海地区用作水上飞机舰载机。轰炸袭击采用两只30千克炸弹。

■索普维斯"杜鹃"：作为首架可从甲板起飞的陆基飞机，"杜鹃"鱼雷攻击机于第一次世界大战结束前夕编入ARGUS号航母护航舰队服役，由于"生不逢时"，并未在第一次世界大战中留下太多战绩。

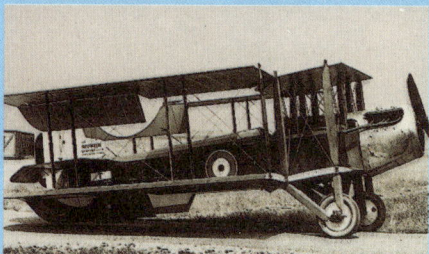

右图：早期海军的"幼犬"飞机配备有滑橇式起落架。船甲板上从前至后全部的缆线能够缠绕在"幼犬"的起落架上，使飞机停下。

◆第一次世界大战中，共有10架"幼犬"舰载机搭载航母起飞，13架搭载战舰及巡洋舰起飞。

◆共计生产约1770架"幼犬"，其中大部分用于英国本土防御。

◆"幼犬"的民用改型机索普维斯"鸽"型双座飞机十分失败。

◆1917年6月28日，飞行员斯玛特中队长驾驶"幼犬"自轻型巡洋舰雅茅斯的5.95米平台上起飞升空。

◆"幼犬"自轻型巡洋舰"雅茅斯"上起飞后，击落了齐伯林飞艇L-23。

◆"幼犬"的官方名为"索普维斯侦察兵"。

左图：飞机准备在甲板着陆时，只能采取紧急迫降的方式，因而非常危险。图为降落时水花飞溅的场景。

上图：海军飞行员勇敢且热情，承受了巨大的风险验证了在载舰上起飞的概念。舰载飞机在当时并没有完全发挥其优势，但对未来海军战争格局起到颠覆作用。

右图：为"幼犬"进行巡洋舰平台起飞测验，但来自舰船上烟囱的干扰是一个大问题。

左图：由于第一架海军"幼犬"需要在飞行结束之后在海中降落，因而其机翼下方装备了浮囊，以帮助回收飞机。

索普维斯公司，"骆驼"战斗侦察机

"骆驼"于1917年面世，最初为英国皇家海军航空队服役，后又兼为皇家陆军航空队服役。第一次在伊普尔战役中的亮相，展示了其是一架机敏性好且有力的驱逐机。

多数"骆驼"采用气缸旋转式发动机，且有许多不同的衍生机型，其中包括一款上翼中部安装刘易斯机枪的夜间战斗机。

多数"骆驼"都是从草地机场起飞，发出很大的声响，飞往前线或其他地方，去拦截福克、普法茨及其他德国战机。然而，这些高性能的索普维斯各自有不同的特殊任务，一些搭载到航母"暴怒"号及"飞马座"上，有些则从其他战舰的顶端炮塔平台上起飞。两架"骆驼"改进后作为寄生战斗机搭载在R.23上进行试验。

"骆驼"也在许多外国空军联队服役，其中包括比利时、希腊及美国远征军。

"骆驼" F.I 性能参数

机　　型：单座战斗侦察机
动力装置：97千瓦克莱勒9缸气冷气缸旋转式活塞发动机
最大速度：海平面速率188千米/小时
爬升率：爬升至3000米高空需10分钟
续航时间：2.5小时
实用升限：5790米
重　　量：空重421千克；最大起飞重量659千克
武器装备：维克斯7.7毫米口径机枪2挺，安装于机头，可穿过螺旋桨射击；机身下的外部支架上可挂载11.35千克炸弹4只
外形尺寸：翼展　8.53米
　　　　　机长　5.72米
　　　　　机高　2.6米
　　　　　机翼面积　21.46平方米

上图："骆驼"的出现为盟军提供了能够与德国"信天翁"及福克战斗机相媲美的机型，极大地鼓舞了士气。

左图：英国在设计研制水上飞机方面引领世界。图中"骆驼"战机在福斯湾搭载在"暴怒"号航母上进行飞行试验。

索普维斯单座侦察机

■索普维斯"幼犬"：1916年开始服役，尽管动力一般，但速度极佳。由于较快的爬升率及灵活性，深受飞行员青睐。

■索普维斯三翼战斗机：作为"幼犬"的衍生机，此款三翼战斗机于1916年面世，增加的机翼使升力增强，从而提高了爬升性能。

■索普维斯"斯耐普"："骆驼"的全面增强版，具有更强大的动力装置，速度更快，操纵更灵活。斯耐普于第一次世界大战最后一年开始服役。

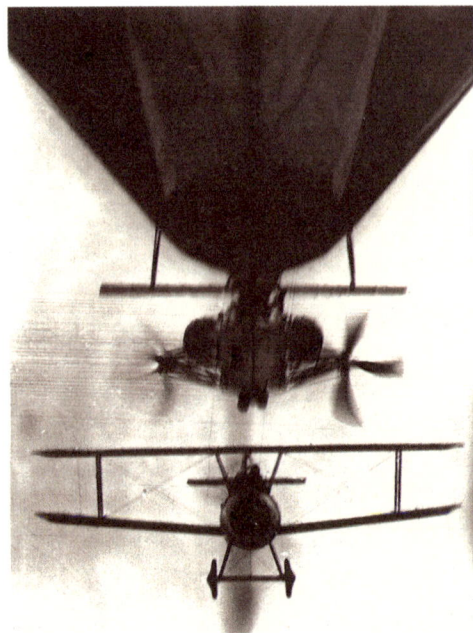

上图：图中"骆驼"被R.23飞艇从空中投放，这是测试战机能否保护飞艇免受敌军攻击试验的一部分。

右图：上翼部分地方被挖空，以便为飞行员提供更好的上部视野。

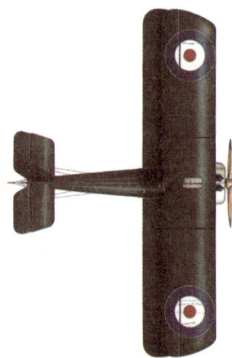

左图：对于"骆驼"飞机的飞行员来说，操纵方向舵可帮助他们操纵飞机急剧转弯而避免致命的螺旋，因而非常重要。

索普维斯公司，"斯耐普"战斗机

"斯耐普"于1917年设计生产，采用171.5千瓦气缸旋转式发动机，整体设计与"骆驼"十分相似，但操纵较简单。尽管该机保留了"骆驼"昵称所指的驼峰形前机身，7F.1"斯耐普"更大的发动机则意味着机身更深，且在第三架原型机上还添加了更长的机翼。

"斯耐普"在战斗中服役的时间较短。1918年10月27日，在与15架福克D.VIII进行空战过程中，击落4架敌军战机，并凭借此获得了维多利亚十字勋章。

除标准单座战机版本外，"斯耐普"还有一个大航程轰炸机护航机型——7F.1A，续航时间为4.5小时。

少量"斯耐普"配备有拦阻钩及浮囊，可用于甲板着陆试验。同时，"斯耐普"还有40架双座教练机机型，其中5架组成了由飞行教官驾驶的皇家空军首个特技飞行队。

20世纪20年代初，"斯耐普"成为皇家空军标准战斗机并在埃及、伊拉克、印度及英国本土空军服役。

上图：尽管"斯耐普"继承了"骆驼"的机动性，但比早期的战斗机易于操纵。"斯耐普"的动力更强，并在两侧各添加了两个翼间支柱。

左图：与之前的"骆驼"相同，"斯耐普"的性能也十分优异。如美国博物馆复制品所展示的一样，"斯耐普"飞机配备了两挺维克斯机枪作为武器装备。

167

维多利亚十字勋章获得者

■皇家飞机制造厂 B.E.2：皇家空军军团第2中队飞行员Rhodes Moorhouse因1915年突袭敌军而获此殊荣。

■布里斯托尔"侦察兵"：霍克少校由于在只配备一支骑兵来复枪的情况下击败敌机而获此勋章。

■纽波特17侦察机：阿尔伯特·鲍尔是盟军最优秀的单座战斗机飞行员，死后获此勋章。

■皇家飞机制造厂 S.E.5A：爱德华·马诺克共取得61次胜利，并于死后的1919年获此殊荣。

上图："斯耐普"在第一次世界大战快结束时才加入战争，但其仍以其出色的表现大获好评。许多专家认为，"斯耐普"是第一次世界大战期间最好的单座战斗机，并在之后成为战后皇家空军的顶梁柱。

上图：通过上翼大的切口部分，飞行员可以有很好上方视野，这对于向上开火攻击十分重要。

左图：与当时大多数战斗机相同，"斯耐普"配备有双叶木质螺旋桨。飞行员巴克所驾驶的"斯耐普"在着陆时，机头朝下，螺旋桨粉碎。

索普维斯公司，三翼战斗机

索普维斯三翼战斗机于1916年5月首飞，这时正值"幼犬"加入西线服役时期。6个月后，首架索普维斯"骆驼"面世。作为这两款著名战机中间出现的战机，三翼机的产量很少。

与之前的索普维斯"幼犬"相比，三翼机的优势既能为飞行员提供更好的视野，且保持了之前战斗机的操纵性。其机翼比"幼犬"的机翼更短更窄，中翼与机身上沿高度一致，上翼高于机身。

三翼机产量为150余架，均在英国皇家海军航空队服役。英国皇家海军航空队曾自己组建战斗机团队，以满足西线对战斗机的不断需求，并将皇家空军订购的斯帕德VII替换为三翼机。

至1917年春季，西线共有5支空军中队使用三翼机，其中空军第10中队最为成功，在短短55天的时间内，击落了87架敌军战机。1917年年末，5支空军中队全部用"骆驼"飞机替换了三翼机。

自撤离西线之后，一架三翼机于英国皇家海军航空队服役于爱琴海，另一架装配了滑橇，服役于俄罗斯。其中一款改型机配备了较大机翼及伊斯巴诺·斯维萨V-8发动机，但产量仅为2架。

左图：N509配备了112千瓦的伊斯巴诺·斯维萨发动机。

上图：三翼机深受皇家海军飞行员的喜爱。但由于该机频繁受损维修，它们的前线服役生涯被大大缩短。

右图：克里肖是三翼机飞行员中最著名的一个，1917年6月其驾驶"黑色玛利亚"三翼机击落了16架敌军战机。

第一次世界大战时的海军战斗机

■Morane Parasol：海军Parasol系列最著名的要数英国皇家海军航空队第1中队的F/Sub–Lt warneford。他驾驶该机击落了齐柏林飞艇。

■纽波特11：1915年开始服役，纽波特11参与了多场战争。英国皇家海军航空队飞行员鲍尔因救援一名溺水飞行员而获得维多利亚十字勋章。

■索普维斯2F.1 "骆驼"："骆驼"舰载战斗机最初设计时主要是作为舰载飞机，其曾被看见搭载在航母上，例如 "狂怒" 航母上，对抗齐柏林飞艇。

上图：尽管三翼机表现出色，但产量仅有150架。大部分服役于英国皇家海军航空队。

上图：现仍在飞行的这架唯一一架三翼机为复制品。该机现被位于达克斯福德的战斗机收藏中心拥有。

左图：与第一次世界大战时大部分战机一样，三翼机采用的木质结构和布蒙皮虽重量轻，但十分结实。飞行员坐在开放座舱内，中翼恰与其视线相平。

维克斯公司，"维梅"轰炸机

尽管"维梅"在1919年的跨洋飞行使其名声大噪，其最初实际上是在第一次世界大战期间为皇家飞行军团设计的一架战略轰炸机。

在战争的最后几年，轰炸机一直是人们热议的话题。然而，正值英国犹豫不决不知是否应承认这一新型作战工具时，德国空军轰炸机于1917年出现在伦敦，彻底打消了英国的顾虑。类似汉德利·佩奇O/400及维克斯FB.27等轰炸机开始投入生产。

由于"维梅"与大型的O/400相比载弹量更大，因而订单数量较大。然而，1918年停战协议签署后，只有一架最终运抵法国。战争的结束导致许多订单的取消，最终总产量只有200余架，多装备罗尔斯·罗伊斯"鹰"式发动机。

多数"维梅"轰炸机服役于中东，但到20世纪20年代末，主要作教练机使用。

"维梅"Mk III 性能参数

机　型：	重型轰炸机
动力装置：	269千瓦罗尔斯·罗伊斯"鹰"式发动机VIII V-12水冷发动机两台
最大速度：	海平面速率166千米/小时
航　程：	以130千米/小时的速度行驶1464千米
实用升限：	2135米
重　量：	空重3221千克；载重5670千克
武器装备：	7.7毫米口径刘易斯MkIII机枪2~4挺，机头、机腹侧部及后部共备有12只97发子弹的弹仓；载弹量1123千克
外形尺寸：	翼展 20.75米
	机长 13.27米
	机高 4.76米
	机翼面积 123.56平方米

上图："维梅"于1921年生产，主要是为皇家空军在中东服役而造，"维梅"救护机是装备有4副担架或8个伤员座椅的"维梅"商用机。

左图：在"维梅"从轰炸机身份退役后，皇家空军将其作为教练机服役多年。直至1938年，"维梅"一直被用于训练探照灯机组成员。

维克斯"维梅"的衍生机

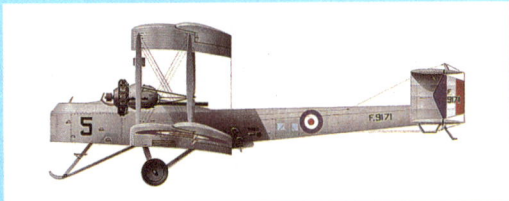

■维梅Mk I：自20世纪20年代从前线退役后，"维梅"被广泛用于飞行及跳伞训练。一些机型换装了气冷星形发动机。

■ "维梅"（民用）：至少共有6架"维梅"轰炸机采用民用注册号，其中包括在1919及1920年进行先驱飞行的那些飞机。G-EAOU最初是一架皇家空军的飞机。

■ "维梅"（商用）：新型的宽敞机身可使其搭载10名乘客或2200千克货物。该机型在欧洲航线服役长达5年。

上图：第一次世界大战最后几年中，关于战略轰炸机优势的争议还在继续。然而，在1917年德国轰炸机出现在英国时，皇家空军很快订购了超过1000架"维梅"。

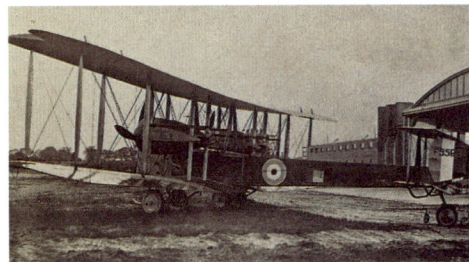

上图：新型的Mk II发动机为新型轰炸机提供了更强的可靠性。

左图："维梅"与体型更大的O/400相比，载弹量更大。最大载弹量为1123千克，通常由安装在机翼下方的18枚51千克炸弹及机身下方的2枚104千克炸弹构成。

维克斯公司，"威灵顿"轰炸机

"威灵顿"飞机由巴恩斯·沃利斯基运用先进的空气动力学原理精心设计，该机用于中程轰炸，它有两台发动机，这就无法飞抵德国纵深的目标。在整个第二次世界大战中，"威灵顿"飞机用于完成多种任务，包括反潜作战和水雷搜索。

"威灵顿"飞机用"平方组织"方法，将交错的金属机身部用螺框固定，使得飞机异常坚固，常常是飞机被高射炮或战斗机舰炮打出大洞重创后，依然能返回基地，虽然也在作战中暴露出了一些弱点。

在1943年，英国的夜间轰炸任务移交给"兰开斯特"和"哈利法克斯"等大型飞机后，"威灵顿"飞机开始作为海上侦察飞机服役于海防司令部。

"威灵顿"无论日夜都是优秀的潜艇猎手。它用探照灯照射敌方潜艇后用深水炮弹将其摧毁。"威灵顿"飞机还执行过一种非同寻常的清扫磁性水雷的任务：它装上一只巨大的金属钟，用钟产生的强大回声引爆磁性水雷。第二次世界大战后，"威灵顿"飞机用作教练机。

B.Mk III 性能参数

类　　型：	中型轰炸机
发 动 机：	2台1119千瓦布里斯托尔"大力神"星形活塞发动机
最大航速：	在3810千米高空为409千米/小时
航　　程：	载680千克炸弹时3533千米；载2041千克炸弹时2470千米
实用升限：	5791米
重　　量：	空机重8399千克；最大起飞重量13353千克
武　　器：	机鼻炮塔内2挺7.7毫米口径机枪，机尾炮塔内有4挺，后部机身舷侧各有1挺；多达2041千克的炸弹
外形尺寸：	翼展　　26.26米
	机长　　18.54米
	机高　　5.31米
	机翼面积　78.04平方米

上图："威灵顿"飞机。

上图：1942年5月30日和31日夜对德国科隆进行了轰炸。第二次世界大战中首次轰炸机袭击的1000架轰炸机中，有600多架是"威灵顿"飞机。当初总共有1042架飞机参加了这次袭击。

173

装有"利"式灯的"威灵顿"飞机对抗潜艇

雷达搜索： 皇家空军海防司令部使用"威灵顿"飞机和其他装备有空海搜寻（ASV）雷达和"利"式灯的飞机搜寻德军潜艇舰队。

目标探测： 一旦使用ASV雷达发现了目标且目标在适当的距离之内，"利"式灯开启照亮浮在水面上的潜艇，然后再用深水炸弹进行攻击。

成功的攻击： 第一次用"利"式灯攻击潜艇发生在1942年6月，第一次成功的攻击发生在7月6日。

上图："威灵顿"飞机有6名机组人员，受到攻击时，无线操作员便成为机枪手。

左图："威灵顿"飞机采用了诸多不同类型的发动机，包括布里斯托尔"大力神"发动机、布里斯托尔"飞马"发动机、普惠"双胡蜂"发动机和劳斯莱斯"灰背隼"发动机。本图中飞机所用的发动机是"大力神"发动机。

上图："威灵顿"飞机的设计师巴恩斯·沃利斯发明了这种强有力的网状结构，这是"威灵顿"飞机和维克斯·韦尔兹利公司早期的轻型轰炸机所特有的。

下图：早期的"威灵顿"轰炸机都安装有一个"垃圾箱"形炮塔，当需要时可在飞机中央放下。

◆ "威灵顿"飞机的原型机是维克斯271型飞机,该机于1936年6月15日作为一架未带武装的原型机首飞。

◆ 海防司令部的"威灵顿"飞机在第二次世界大战中共摧毁击沉了51艘潜艇。

◆ "威灵顿"飞机有16种型号,到1945年为止,共生产了11461架。

◆ 专用的高空"威灵顿"飞机(Mk V和VI型)装有压力舱,可飞抵11582米的高空。

◆ 最后一架皇家空军"威灵顿"飞机于1953年退役。

◆ "威灵顿"飞机装备了至少57个皇家空军飞行中队。

上图:轰炸机司令部的"威灵顿"飞机有着暗黑色的机身和下表面。

上图:1939年,"威灵顿"飞机首次随皇家空军攻击了德国目标,直到四发动机重型轰炸机出现,它一直是皇家空军轰炸机司令部的主力飞机。它是1941年投放重1814千克巨型炸弹的第一种轰炸机。

左图:"威灵顿"飞机还用作诸多不同类型的新装备的测试飞机。这些测试包括在机腹炮塔安装维克斯式40毫米航炮和使用两个较小的垂直尾翼替换单一的垂直尾翼以确保有足够的方向控制。

维克斯公司，"勇敢者"轰炸机

第一架原型机在1951年5月18日进行了首飞，1952年1月该机在飞行中，由于左发动机舱出现了失火而坠毁。第二架原型机很快被生产了出来，但是该机在制造绘图结束后，就已经被订购了生产型轰炸机，因此，由第一批"勇敢者"飞机组成的第138航空编队在1955年早些时候就得到了该机。

"勇敢者"飞机在它设计的任务中还提供一些特殊的服务，它也可作为战略侦察机和加油机。不幸的是，在转向低空飞行任务中引起了该机灾难性的结构失效，并于1965年1月很快使该机退役了。

"勇敢者"飞机尽管出现了一些问题，这些问题是由于飞行任务的改变和机翼桁梁中合金的缺陷而引起的，但它还是一种上等的轰炸机。

B.MK1 性能参数

类　　型：远程轰炸机
动　　力：4台44.7千牛推力罗尔斯·罗伊斯埃冯 RA28涡喷发动机
最大飞行速度：912千米/小时，在高度9145米
初始爬升率：1219米/分钟
最大航程：7242千米，并携带翼下油箱
实用升限：16460米
重　　量：空机重量34419千克；最大起飞重量 63503千克
武　　器：1枚4536千克核炸弹或多达21枚454千克的常规炸弹
尺寸大小：翼展 34.85米
　　　　　机长 32.99米
　　　　　机高 9.80米
　　　　　机翼面积 219.43平方米

上图：仅制造了一架"勇敢者"B.MK2飞机，它被优化以用于低空飞行攻击。加强的机翼结构利用了先前由可收起主起落架所占据的空间。

左图：数架B.MK1和B（PR）.MK1飞机被改用成了加油机，并分别指名为B（K）.MK1和BPR（K）.MK1飞机。

上图：维克斯公司改进了该机发动机进气口成为"眼镜"型，使更多的气流进入到动力增加的发动机里面。

英国的 V 型轰炸机部队

■ 阿芙罗·伍尔坎（AVRO VULCAN）B.MK2飞机：这架"伍尔坎"飞机装备了一枚半隐藏式的"蓝铁"（Blue Steel）导弹，并涂装了鲜艳的第617"丹姆巴斯特斯"（Dambusters）航空编队的标识，在它防闪光涂装上涂装有降色调的国家标志。

■ 阿芙罗·伍尔坎（AVRO VULCAN）B.MK2飞机：这架飞机把战术绿/灰色伪装与白色的侧边结合在一起，其日期源于1964年。"伍尔坎"飞机与"勇敢者"飞机具有同样的载弹量，但"胜利者"（Victor）飞机可以携带重达15876千克的常规炸弹。

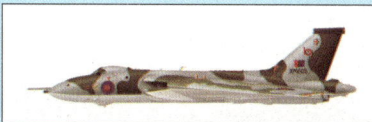

■ 汉德利·佩奇（HANDLEY PAGE）"胜利者"（VICTOR）B.MK1飞机：尽管这些飞机涂装了与核攻击角色同样的涂装色，但这些飞机执行区域轰炸的飞行任务，以打击马来半岛（Malayan）丛林中恐怖分子的营地，机上配备了常规武器。

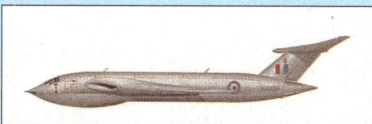

■ 汉德利·佩奇"胜利者"B.MK2R飞机：这些特殊的飞机装备了可以发射的阿芙罗"蓝铁"投射导弹。许多小型的整流罩内安装了"蓝铁"导弹的电子设备，其密集分布在发动机后方排气的圆锥体上。

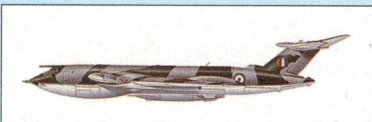

上图："勇敢者"飞机在进入服役之前几乎没有遇到什么问题。飞行加油探头的增装解决了该机早期航程较短的不足。地勤人员和空中机组成员很快接受了核武投放程序的训练。

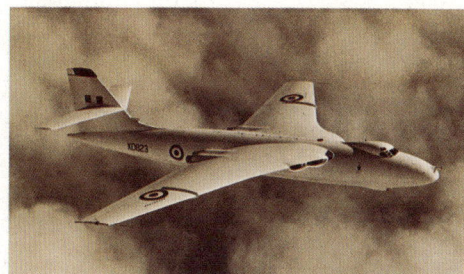

上图：专家认为明亮闪耀的涂装将会反射核爆的辐射，这样可以保护轰炸机上的机组成员免于其辐射伤害。

下图：在"勇敢者"飞机上主要的轰炸辅助器件，是来自第二次世界大战中的H2S轰炸雷达，但它在MK9型机中进行了改进。

◆ 第一架原型机配装了罗尔斯·罗伊斯埃冯（Rolls-Royce Avon）涡轮喷气发动机；第二架换装成了阿姆斯特朗西德利（Armstrong Siddeley）的蓝宝石（Sapphire）涡喷发动机。

◆ 在1951年，"勇敢者"飞机在草地机场进行了首次飞行。

◆ "超级鬼怪"（Super-Sprite）火箭在一架"勇敢者"飞机上进行了试验，以助推其起飞。

◆ "勇敢者"飞机在澳大利亚的马拉灵加（Maralinga）和圣诞岛（Chrismas Island）上空试验期间投放了原子武器。

◆ 仅制造了一架B.MK2飞机，它被称作"黑色轰炸机"。

◆ 在苏伊士运河危机期间，"勇敢者"飞机愤怒地投放了常规炸弹。

上图：简单的气动外形但又非常具有吸引力的设计，使"勇敢者"飞机比其他两种V型轰炸机提前进入到服役。

上图：这架第七航空编队的"勇敢者"飞机准备着陆，展开了它较大的副翼。航空编队于1960年7月退役了它的"勇敢者"飞机。

左图：地面工作人员正在为夜间飞行任务准备一架"勇敢者" B（PR）.MK1飞机。这架多用途"勇敢者"改型机作为一种战略摄像侦察机进行飞行。

威斯特兰航空公司，"麋鹿"战斗机

随着第一次世界大战的结束，新组建的皇家空军由于经费有限，急需设计一款通用战机，能执行多重任务。1918年，皇家空军深受战时战机设计的困扰，到1926年DH.9A飞机也面临着替换问题。然而更加严峻的是，为了节省军费，皇家空军要求新设计的机型要尽可能多地使用DH.9的部件——这是另一种节约措施。

为了满足空军1926年关于通用机的要求，共有7家公司提交了8款不同设计。所有8款均为全金属机身结构且采用纳皮尔"狮"式发动机。

威斯特兰航空公司设计的"麋鹿"最初却未采用这些设计，但使用了德·哈维兰DH.9A的部件。"麋鹿"原型机于1927年3月7日首飞，采用更加现代的313千瓦布里斯托尔"木星"发动机，与其他5款原型机一同参加试飞。1927年年底，25架"麋鹿"I用于试飞且服役于印度第84空军中队。

"麋鹿"Mk II最终全部采用金属结构。其中10架用于印度第84空军中队，之后该中队又订购了430架采用358千瓦木星发动机的"麋鹿"Mk IIA型飞机。1930年，订购的首批"麋鹿"Mk IIA型战机运抵，主要用于执行轰炸、补给品空投及配合陆军作战等任务。

左图："麋鹿"系列被皇家空军使用最多的衍生机型为Mk IIA。在生产的全部558架中，443架为Mk IIA。图中3架战机来自空军55中队，属于皇家中队派遣服役于印度西北前线的战机。

上图：为了提高续航时间及航程，"麋鹿"挂载了外部燃油箱进行测试。每个燃油箱外部都配备有螺旋桨驱动的油泵。

其他设计竞标机型

■ "河狸"：采用纳皮尔"狮"式发动机，其设计灵感源自"猎猪犬"93，且未使用DH.9A部件。另有一款设计提交，但未生产。

■ "Goral"：采用布里斯托尔"木星"发动机，格罗斯特公司的设计采用了DH.9部件。尽管Goral设计最终被拒，格罗斯特公司最终为"麋鹿" Mk II/IIA生产了全金属机翼。

■ "猎犬"：德哈维兰DH.65缺乏内部装载空间且无法在地面进行操控。尽管如此，在试验中，它仍是使用纳皮尔"狮"式发动机的机型中速度最快的一款。

■ "勇士"：皇家空军试飞员都对"勇士"青睐有加，但由于其未使用DH.9A的部件（与Fairey Ferret一样），因而比其他的设计费用高。

上图：尽管1918年后军费开始削减，皇家空军仍需替换一批即将退役的战时飞机。"麋鹿"成为皇家空军的海外主力。

上图：1929年早期，澳大利亚皇家空军收到了其订购的28架"麋鹿"战机，并将其中部分作为教练机使用。空军训练指导中队长斯玛特称，"麋鹿"是适合澳大利亚沙漠地区飞行的理想战机。

左图：空军30中队的标志为枣椰树，涂装在尾翼上。该中队组建于1914年，用于在埃及执行任务，并在中东服役至1942年。

◆1934年，"麋鹿"用于皇家空军空中加油试验的受油机。

◆自1929年起，威尔士亲王开始启用一款具有特殊配置的特级"麋鹿"Mk 1A。

◆直到1940年，仍有部分"麋鹿"Mk V用于执行与陆军配合作战任务。

◆"麋鹿"原型机J8495在生产时出了差错。实际机身比原计划机身短0.61米。

◆"麋鹿"主要服役于澳大利亚空军及北非空军。

◆经改型的"麋鹿"Mk V/VII G-AAWA战机之后被称为Wallace Mk I。

上图：拍摄于20世纪30年代，空军30中队的"麋鹿"Mk IIA飞过伊拉克的摩苏尔上空。

上图：部分"麋鹿"Mk II试飞机型配备有肖特公司生产的浮筒。此外，"麋鹿"采用了滑橇式起落架。

上图：1930年，"麋鹿"Mk V原型机注册为G-AAWA，且配备了浮筒。并用船运到布宜诺斯艾利斯，用于1931年英国装备展示会，并在一些南美洲国家巡回展览出售。

左图：尽管"麋鹿"是海外使用的通用机型，其仍作为昼间轰炸机在皇家空军预备队服役。

肖特公司，"斯特林"轰炸机

肖特公司生产的体形巨大的"斯特林"战机是第二次世界大战中在英国服役的第一种四发动机单翼轰炸机，它没有"兰开斯特"和"哈里法克斯"轰炸机那样广受赞誉，却也是欧洲上空执行对德国夜间轰炸任务的英雄之一。从1941年2月开始在第7中队服役，到1944年9月止，"斯特林"参加了英国轰炸司令部组织的大部分奇袭作战。

"斯特林"飞机又高又重，外形巨大，尾部起落装置又增加了不少重量。1944年年初，"斯特林"飞机的主要任务由对防守严密的目标轰炸改为拖曳滑翔机和运输。诺曼底作战、阿纳姆作战和1945年3月横渡莱茵河作战中"斯特林"飞机都起到了重要作用。

1946年3月，最后一架"斯特林"飞机从皇家空军退役。

B.Mk III型 性能参数

类　　型：有7或8名乘员的7座重型轰炸机
发动机：4台1230千瓦布里斯托尔"大力神"VI或XVI星形活塞发动机
最大航速：在4420米高度为435千米/小时
航　　程：950千米
实用升限：5182米
重　　量：空机重19554千克；满载后重31723千克
武　　器：8挺7.7毫米口径伯朗宁机枪，2挺位于机头部弗雷泽·纳什FN.5A炮塔内，2挺位于FN.7A背部炮塔内，4挺位于FN.5A尾部炮塔内，外加6350千克炸弹
外形尺寸：翼展　30.18米
　　　　　机长　26.59米
　　　　　机高　6.93米
　　　　　机翼面积　137.7平方米

上图："斯特林"飞机细长的机身弹舱被分成几部分，但是在远距离作战任务中载弹量并不大。

上图："斯特林"飞机的最大航速为433千米/小时，空中总重量31723千克，它的唯一缺陷是实用升限低。

上图："斯特林"V型飞机是没有武器的专用运输机。第一架于1944年8月首飞，1945年1月开始在运输司令部服役。

四发动机的皇家空军轰炸机

■汉德利·佩济"哈利法克斯"：和"斯特林"飞机使用相同的布里斯托尔"大力神"发动机，但"哈利法克斯"B.Mk III飞机比"斯特林"飞得更快更高，可载更多的炸弹，还有更好的防御武器。

■爱维罗"兰开斯特"：该机在许多方面优于"斯特林"和"哈利法克斯"，它使用4台劳斯莱斯"灰背隼"24型发动机，可不受限制地装载8148千克炸弹，具有更好的实用升限和更远的航程。

■联合"解放者"：美国的B-24飞机由英国皇家空军轰炸与海岸司令部使用。它比英国的轰炸机有更好的战斗表现，但载弹量小。

上图：第一支装备"斯特林"Mk I重型轰炸机的第7中队正在装载炸弹。

上图："斯特林"轰炸机的翼展较小，机翼纵横比很低，需要一种坚实的起落架。

下图：4台1230千瓦的布里斯托尔"大力神"14缸空冷套阀星形发动机，三叶片德·哈维兰公司的恒速螺旋推进器，机翼翼梁桁架内装有自封闭油箱。

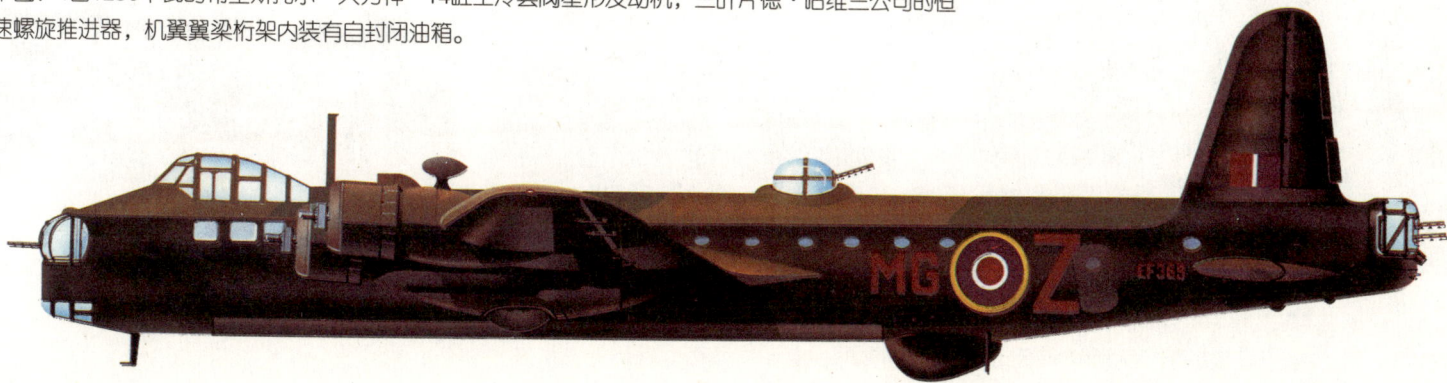

肖特公司，"桑德兰"侦察机

1938年，体形庞大的肖特公司"桑德兰"飞机服役，它可以连续在海上巡逻20个小时。在克里特岛执行撤离任务时，它搭载了82名全副武装的士兵。改进后的"桑德兰"加装了搜索雷达，搜寻到德国潜艇后，它用炸弹、深水炸弹和机载机枪攻击敌人潜艇。战后，"桑德兰"改装为高速运输机，在1948年参与了柏林空运行动，共运送了近5000吨物资。

最终型号的"桑德兰"采用了普惠公司的R-1890-90B型"双胡蜂"发动机取代旧式的"飞马"发动机。1959年，"桑德兰"退役。

上图："桑德兰"水上飞机由战前的水上飞机发展而来，其可靠的性能，可以执行各种海上任务如搜猎潜艇、海上救援、运输等等，因而成为传奇式的水上巡逻机。

上图：在陆上，"桑德兰"飞机看起来笨拙且沉重。但其在空中的表现令许多敌方飞行员很吃惊，他们必须小心翼翼地学会如何对付这种飞机。

20世纪30年代的皇家空军水上飞机

■肖特"新加坡"Mk III：由1926年的"新加坡"Mk I飞机发展而来，于1935—1941年间服役。它可以230千米/小时的飞行速度，携带数吨炸弹飞行1600千米。

■超级马林"斯特兰瑞尔"：双引擎飞机，是超级马林公司经典的双翼水上系列的最后一种，于1936年12月至1940年服役。比"新加坡"飞机小，只具有454千克的载弹量。

■萨罗"伦敦"：这是英国的最后一种在前线使用的双翼机，1931年订购，在本土水域和地中海服役至1941年。航程约为2794千米。

上图："桑德兰"飞机常常巡航于大西洋。让人欣慰的是，它可靠性强，即使在发动机损坏时也能在海上降落。

上图：战前，肖特兄弟设计水上飞机的经验在"帝国"型飞机上进一步得到完善。"桑德兰"飞机是进一步的发展，它于1937年10月首飞，并于1938年参战。

右图："桑德兰"尾翼和横尾翼采用以翼布覆盖其操纵面的金属结构。